Colección
Los contenidos disciplinares y su didáctica

La enseñanza de la Matemática en la Escuela Media

Fundamentos y desafíos

Liliana Sanjurjo
María Fernanda Foresi
Elisa Petrone
Natalia Sgreccia

La enseñanza de la Matemática en la escuela media: fundamentos y desafíos / Liliana Olga Sanjurjo... [et al.].
- 1a ed. - Rosario: Homo Sapiens Ediciones, 2017.
238 p.; 21 x 15 cm. - (Los contenidos disciplinares y su didáctica / Liliana Olga Sanjurjo)

1. Matemática. 2. Educación Secundaria. 3. Enseñanza. I. Sanjurjo, Liliana Olga
CDD 371.1

© 2017 • **Homo Sapiens Ediciones**
Sarmiento 825 (S2000CMM) Rosario | Santa Fe | Argentina
Tel: 54 341 4243399 | 4406892 | 4253852
editorial@homosapiens.com.ar
www.homosapiens.com.ar

Queda hecho el depósito que establece la ley 11.723.
Prohibida su reproducción total o parcial.

Este libro se terminó de imprimir en enero de 2018
en **Gráfica Amalevi SRL** | Mendoza 1851/53
2000 Rosario | Santa Fe | Argentina

Índice

Introducción 6

Primera parte
La enseñanza como preocupación teórica de la Didáctica y como preocupación teórico-práctica de los profesores 10
Liliana Sanjurjo - María Fernanda Foresi

Capítulo I: Fundamentos teóricos que justifican la articulación entre Didáctica general y específicas 11

Capítulo II: La planificación de la enseñanza como decisión profesional del docente 28

Capítulo III: La organización de la enseñanza en el aula 42

Referencias bibliográficas 66

Segunda parte
La enseñanza de la Matemática en la Escuela Media: fundamentos y desafíos 73
Elisa Petrone - Natalia Sgreccia

Capítulo I: Didáctica de la Matemática - Comunidades vinculadas 76
  • La Matemática como ciencia y en la escuela 76
  • Breve síntesis de la evolución de la Didáctica de la Matemática 79

- En nuestra región 93
- Comunidad de educadores matemáticos 99

Capítulo II: Acerca de las prácticas educativas de
Matemática en la Escuela Media 107
- Algunas modalidades didácticas 107
- Enseñar y evaluar Matemática según una modalidad
  constructiva 114
- Diferentes momentos en el desarrollo de un tema:
  sus características 120
- El rol del docente 145

Capítulo III: Propuestas para trabajar en clases
de Matemática de la Escuela Media 147
- Propuestas didácticas como posibilidades 147
- Propuesta: "Ángulos interiores de polígonos
  regulares: cuánto miden y cómo condicionan
  la existencia de poliedros regulares" 149
- Propuesta: "Construcción del concepto de razón
  trigonométrica tangente a través de la resolución
  de problemas" 164
- Propuesta: "Algunas cuestiones algebraicas" 180
- Propuesta: "Evaluando contenidos conceptuales" 200
- Estas propuestas y el profesor en Matemática 221

REFERENCIAS BIBLIOGRÁFICAS 224

Introducción

Con esta publicación las autoras se proponen realizar un aporte a un campo de conocimiento en pleno proceso de desarrollo, el que ha sido objeto de tratamiento teórico en diversos eventos científicos e investigaciones, pero acerca del cual todavía son escasas las producciones que, sobre la base de dichos aportes, aborden cómo se traducen en el aula. Esta publicación es la cuarta de una colección que tiene como objetivo tomar diversas contribuciones teóricas sobre el tratamiento didáctico de contenidos específicos, apuntando a resoluciones didácticas posibles. No compartimos la idea de que las propuestas didácticas pueden ser recetas uniformes para cualquier contexto. Partimos del convencimiento que los docentes son los profesionales que, conocedores no solo de los contenidos a enseñar, sino de la estructura sintáctica y semántica de su disciplina y conocedores también del contexto en el cual desarrollan sus prácticas, deben tomar las decisiones didácticas que consideren convenientes para la enseñanza de un contenido específico en un momento determinado, para un grupo de estudiantes concreto.

La publicación forma parte de la colección *Los contenidos disciplinares y su didáctica*. En cada tomo de esta colección se retoman aportes tanto de la Didáctica general como de la Didáctica específica, como así también los fundamentos epistemológicos en los que se sustentan los ejemplos y propuestas prácticas.

Éstos no tienen la intención de constituirse en modelos a seguir, sino que se pretende tan solo socializar algunas buenas prácticas de enseñanza que han resultado útiles para resolver los problemas de comprensión de contenidos escolares, en este caso referidos a Matemática.

Nos hemos reunido a tal fin, docentes con experiencia tanto en el Nivel Medio como en la formación de docentes, en la Universidad y en los Institutos de Formación Docente. Docentes que, además, compartimos nuestra preocupación por la mejora de las prácticas al interior del aula.

La Didáctica general y las específicas no siempre han mantenido el diálogo fluido que hubiese sido necesario para producir mayor conocimiento acerca de las problemáticas de la enseñanza y de la comprensión de los conocimientos disciplinares. Consideramos que una publicación que reúne a docentes de ambas especialidades favorece el reinicio de ese diálogo, dificultado muchas veces por falta de tiempos y espacios en común, otras por intereses corporativos que obturaron la construcción de salidas teórico-prácticas alternativas a las propuestas enciclopedistas o tecnocráticas. La Didáctica general hace ya tiempo que ha abandonado la utopía comeniana de encontrar un método que permita enseñar "todo a todos". Y en las últimas décadas ha avanzado en la construcción y desarrollo de su objeto específico: la enseñanza. Las Didácticas específicas todavía tienen mucho que decir en cuanto a cómo esos aportes pueden instituirse en pilares para el tratamiento de la enseñanza de una disciplina o área de conocimiento que tiene particularidades epistemológicas a tener en cuenta a la hora de construir propuestas didácticas. Esta colección pretende constituirse en un aporte al respecto.

También queremos destacar lo necesario que resulta una colección que se dirija a la enseñanza en la Escuela Media. Este nivel, por distintas razones que no es posible abordar en una introducción, ha concentrado dificultades de difícil resolución y ha sufrido cierta ausencia de decisiones de política educativa, así como de desarrollos teóricos específicos, necesarios para su ampliación y sostenimiento. Por lo que la colección pretende ser un humilde aporte a la comprensión y mejora de ese nivel.

Nos parece no solo posible sino interesante dirigirnos tanto a los docentes que se desempeñan en el Nivel Medio como a quienes se desempeñan en carreras de formación docente. No solo a los profesores a cargo de las Didácticas y del Trayecto de la Práctica, sino a todos, ya que partimos del presupuesto que todos los docentes a cargo de los espacios curriculares que conforman el diseño formativo son responsables de formar para la práctica, en este caso para la enseñanza. Como señala Fernández Pérez, "los profesores no aplican los métodos que les han predicado, sino los métodos que les han aplicado (en grandes números), de manera que esta verificación empírica, ya innumerable, obliga a otorgar mucha mayor importancia al principio formal de que en materia de formación de profesores el principal contenido es el método con el que el contenido se imparte a los futuros o actuales profesores" (1993:129).

El libro está organizado en dos partes. Una primera en la que se abordan los aportes a la enseñanza desde la Didáctica general. Contiene un capítulo dedicado a los fundamentos teóricos que sustentan las propuestas, en el que se abordan los fundamentos psicológicos, epistemológicos, pedagógicos y filosóficos en los cuales es posible basar las propuestas didácticas. Un segundo capítulo dedicado a la planificación de la enseñanza, en el que se trabajan los diversos componentes curriculares y distintas formas de organizarlos. Y un tercero en el que se aborda la organización del trabajo áulico, tomando formas básicas, estrategias, secuencias didácticas y recursos que pueden considerarse comunes e indispensables para construcciones didácticas específicas.

La segunda parte está dedicada a encarar el desafío de materializar principios teóricos de la Didáctica de la Matemática en propuestas relativamente viables para la Escuela Media. En un primer capítulo se presentan aspectos epistémicos de la Matemática y una breve reseña de la evolución de la Didáctica de la Matemática, así como referencias sobre la comunidad, organismos y revistas vinculados a ella. En el segundo capítulo se describen condiciones que caracterizan a las buenas prácticas docentes en Matemática en la Escuela Media, particularizando en los diferentes momentos que habitualmente componen el desarrollo de un tema. El tercer capítulo contiene propuestas didácticas concretas, destinadas a enseñar o evaluar temas de diferentes ramas de la Matemática, que incluyen comentarios dirigidos al docente –referidos a intenciones, modalidades, posibilidades–, intentando constituir un diálogo facilitador de su posible implementación.

PRIMERA PARTE
La enseñanza como preocupación teórica de la Didáctica y como preocupación teórico-práctica de los profesores

Liliana Sanjurjo
María Fernanda Foresi

Capítulo I

Fundamentos teóricos que justifican la articulación entre Didáctica general y específicas…

…Y su inclusión, tanto en la formación docente inicial como durante el desarrollo profesional

Desde los enfoques tecnocráticos se ha sostenido, durante años, que el objetivo de la Didáctica era ofrecer un repertorio de propuestas metodológicas, del cual el docente podía seleccionar la más adecuada para el contenido a enseñar. Ese enfoque ha posibilitado que la Didáctica sea cuestionada como ciencia, ya que su objetivo sería solamente orientar la práctica. También, desde el mismo enfoque, no había lugar para pensar las didácticas específicas, pues la Didáctica general sería la responsable de proponer métodos uniformes.

En las últimas décadas se ha delimitado a la enseñanza como objeto específico de la Didáctica y tanto las investigaciones y producciones teóricas, como los esfuerzos para que los resultados de dichas investigaciones tengan impacto en las prácticas, le ha posibilitado, sino recuperar su estatuto científico, al menos volver a ponerlo en discusión. Además, ha logrado construir una nueva agenda de problemáticas (la enseñanza para la diversidad, la transposición didáctica, el uso de las TIC, las formas básicas de enseñar, el uso de la narrativa, entre otras), que han venido a enriquecer los temas clásicos (el método, los recursos, las estrategias, la planificación de la enseñanza, la evaluación). Compartimos el criterio que se trata de una disciplina que abarca diversas dimensiones: teórica, práctica y ética, sin que ello vaya en desmedro de la búsqueda de cientificidad.

Es decir que, desde nuestra perspectiva, la Didáctica abarca una dimensión teórica pues tiene un objeto de estudio específico: la enseñanza, objeto abordado por diversos programas de investigación; utiliza métodos de investigación específicos y compartidos con las ciencias sociales; ha desarrollado teorías predominantes reconocidas por la comunidad científica dedicada a ella; se propone realizar aportes para la mejora de las prácticas que analiza. Por ello, también, abarca una dimensión normativa, pues persigue que las conclusiones, producto de las investigaciones, impacten en la mejora de las prácticas. Pero además, abarca una dimensión ética, pues la educación en general persigue la mejora social, por lo que la preocupación por las finalidades y el componente ético son inherentes a toda práctica de enseñanza o de investigación sobre ella.

Desde los enfoques tecnocráticos también se entendía al docente como un operario, cuya tarea consistía en seleccionar métodos adecuados, aplicarlos y evaluar los resultados. Ajeno a las finalidades de su práctica, a los fundamentos teóricos que sostenían las decisiones y a la reflexión y el compromiso valorativo sobre su quehacer, el profesor quedaba signado a un rol de ejecutor ya que su tarea se centraba en la aplicación mecánica de métodos.

Muchos análisis se han hecho sobre los fundamentos teóricos, filosóficos y políticos de este modelo pedagógico, replicador en educación del modelo capitalista industrial y de sus versiones empresariales más recientes. También de sus consecuencias en las prácticas. Al respecto, es interesante consultar el libro "La pedagogía por objetivos. La obsesión por la eficiencia" de Gimeno Sacristán (1982). No obstante el surgimiento de análisis críticos, el tecnicismo ha sido una tradición que atravesó fuertemente las prácticas docentes, tanto en el Nivel Medio como en el Superior.

Otros enfoques han permitido vislumbrar caminos alternativos. Las teorías hermenéuticas-reflexivas y las críticas han posibilitado comprender las prácticas docentes desde otras perspectivas. Las orientaciones epistemológicas dialécticas y las teorías constructivistas del aprendizaje contribuyeron en la construcción de enfoques didácticos totalmente diferentes a las propuestas tecnocráticas. En estas perspectivas basaremos nuestras propuestas. Para ello comenzaremos explicitando algunos supuestos clave que permitan comprender nuestros posicionamientos teóricos.

En cuanto a *la concepción de práctica docente*, compartimos los aportes del enfoque hermenéutico-reflexivo o práctico, el cual entiende que las prácticas son producto de un complejo proceso de elaboración de parte del que las lleva a cabo, quien pone en juego sus conocimientos, creencias, valores al momento de realizar opciones prácticas. Lejos de ser un mero operario que aplica decisiones tomadas en otro nivel, este enfoque considera que las acciones están siempre mediadas por quienes las realizan. Por ello pone énfasis en la interpretación, en entender el significado que las acciones tienen para los sujetos. Además, en la importancia de comprender esas acciones dentro de un contexto y tratar de percibir la estructura de inteligibilidad que poseen. La interpretación contribuye a la comprensión del sentido de las acciones para los propios actores, quienes si se reconocen en esa interpretación podrán modificarlas.

Desde la racionalidad práctica, la articulación teoría-práctica se va estructurando a partir de las construcciones que realizan los docentes, en el proceso de confrontación entre la acción y sus marcos referenciales previos. Los docentes construyen estructuras conceptuales, teorías prácticas o teorías de acción, que les permiten ir resolviendo problemas prácticos y reconstruyendo sus esquemas teóricos. Los aportes de Schön han sido cruciales para el avance de las investigaciones desde este enfoque, pues ha aportado una epistemología diferente de la práctica que permitió superar las limitaciones de la racionalidad tecnocrática.

Tal como señala Schön, la racionalidad técnica no ha podido explicar cómo se toman decisiones en situaciones prácticas caracterizadas siempre por la incertidumbre, la singularidad y los conflictos de valores. Las situaciones complejas que nos plantea la práctica requieren algo más que la aplicación mecánica de la teoría. Es necesario que el práctico reconozca y evalúe la situación, la construya como problemática y, a partir de su conocimiento profesional, elabore nuevas respuestas para cada situación singular. La práctica plantea zonas de incertidumbre "que escapan a los cánones de la racionalidad técnica" (Schön, 1992: 20). La racionalidad práctica representa, entonces, una concepción constructivista de la misma.

Esta manera de entender la práctica implica, entonces, una forma distinta de concebir la construcción del conocimiento profesional. Si los problemas que nos plantea la práctica son singulares y requieren de nuestras acciones construidas en contexto para resolverlos, la reflexión sobre la misma y el conocimiento que se genera a partir de esa reflexión son de fundamental importancia. Los conceptos de Schön de conocimiento en acción, reflexión en acción y reflexión sobre la acción y sobre la reflexión en acción permiten comprender el proceso de construcción del conocimiento profesional y superar la concepción clásica de reflexión, limitada a procesos de evaluación, planificación y toma de conciencia de los procesos cognitivos realizados. Sin desconocer que las prácticas profesionales se desarrollan en estructuras sociales e institucionales condicionantes, los aportes de Schön permiten superar la perspectiva sostenida por la racionalidad técnica sobre la práctica, ocupada exclusivamente de los problemas instrumentales.

La teoría crítica articula la reflexión a los problemas de valores e intereses sociales. Intenta recuperar lo práctico de la esfera de lo meramente técnico, supone la posibilidad crítica, creativa y valorativa de la razón. Desde la racionalidad crítica, tanto la práctica como la teoría son construcciones sociales que se llevan a cabo en contextos concretos. Su articulación es dialéctica: la teoría se origina en la práctica y apunta a la mejora de ésta. La articulación teoría-práctica no solo persigue la comprensión y la interpretación, sino también la toma de conciencia de las condiciones reales y de los contextos, lo que posibilitará la acción para el cambio. El enfoque crítico es heredero de los aportes de Bourdieu (1981) para quien las prácticas se llevan a cabo en espacios históricamente constituidos, respondiendo a intereses específicos.

Dado que las prácticas se desarrollan en contextos complejos y singulares, no es posible entonces abordarlas desde una mirada simplificadora. No es posible tampoco resolverlas a través de construcciones uniformes. Es necesario que el práctico despliegue un pensamiento complejo y una actitud de compromiso con la realidad de su tiempo, para que pueda tomar decisiones contextualizadas, adecuadas al contenido a enseñar y al grupo de estudiantes a su cargo.

Lo antedicho nos permite sostener que las prácticas docentes son sociales y contextuadas, lo que supone reconocer que pueden ser modificadas. Ello requerirá, de parte de los docentes, una actitud exploratoria, de indagación, cuestionamiento, crítica y búsqueda. Pero, además, el desarrollo y el ejercicio de competencias profesionales que permitan pensar sobre lo que se piensa, argumentar, buscar explicaciones y relaciones. Como así también, una actitud abierta para poder repensar tanto su propia práctica como las instituciones y el sistema social en el que la misma se desarrolla. Dice Trillo refiriéndose a los docentes preocupados por mejorar sus prácticas "Lectores así saben o intuyen que enseñar es una actividad heurística ('arte reinventar'), con cierto diseño/guión, pero abierta siempre a lo imprevisible, a todo lo que se debe resolver sobre la marcha como fruto de la comprensión del contexto y del momento. Lectores así abominan de cualquier propuesta algorítmica por rígida, falta de reflejos y, en definitiva, falsa" (2008: 6).

La necesidad de reflexión, de intervenciones deliberadas, contextualizadas y fundamentadas en conocimientos teóricos, hace posible considerar las prácticas docentes como prácticas profesionales. Pues a diferencia de otras, requieren de parte del práctico una preparación formal y sistemática, tanto teórica como práctica. Pero, a la vez, un alto grado de autonomía y de compromiso para tomar decisiones, respondiendo a finalidades y valores, acerca de los cuales no solo debe estar informado, sino que es necesario que participe en su construcción.

Entendemos que un docente se asume como profesional cuando es responsable de los resultados que dependen de su acción, tanto de los impactos individuales como sociales de su práctica. Pero que, además, puede superar posiciones ingenuas, lo que le permite comprender qué otros factores intervienen y atraviesan las prácticas pedagógicas, comprometiéndose en la denuncia de aquellos que obturan la posibilidad que la educación sea un bien para todos. Por ello, cuando hablamos de conocimiento profesional hacemos referencia a algo más que la competencia técnica. Nos referimos a la formación teórica, conceptual, filosófica cultural y política, formación que excede las visiones tecnocráticas de las profesiones.

Si reconocemos la profesionalidad docente desde la perspectiva señalada queda claro que no es posible asumir la práctica docente aplicando métodos. Sino que es el docente quien, fundamentado en una clara concepción epistemológica de su disciplina, en una concepción de sujeto que aprende, en un conocimiento acerca de la enseñanza y de los problemas de comprensión que puede originar el contenido disciplinar, debe construir propuestas didácticas que ayuden a superar las dificultades.

Es interesante que consideremos el concepto de *construcción metodológica* el cual "implica reconocer al docente como sujeto que asume la tarea de elaborar una propuesta de enseñanza en la cual la construcción metodológica deviene fruto de un acto singularmente creativo de articulación entre la lógica disciplinar, las posibilidades de apropiación de ésta por parte de los sujetos y las situaciones y los contextos particulares que constituyen los ámbitos donde ambas lógicas se entrecruzan" (Edelstein, 1996: 85).

La metáfora del docente compositor, desarrollada por Spiegel (2006), resulta también esclarecedora. Como señala el autor, "las clases resultan interesantes cuando el docente:

- Diseña sus clases como lo hace un buen arquitecto con una casa, como un fotógrafo o un escritor sus obras, o como un compositor cuando piensa en la melodía, el ritmo o en los instrumentos necesarios para que todos puedan disfrutar de su música.
- Construye sus clases, orientadas a que, a su vez, sus alumnos construyan sus aprendizajes.
- Incorpora a sus clases lo que sus alumnos saben y viven fuera del aula.
- Decodifica críticamente las potencialidades de cada material y ocupa, de esta manera, un perfil profesional tan protagónico como apasionante: el de decidir y liderar su clase.
- Entusiasmado, disfruta de la clase junto con sus alumnos" (Spiegel, 2006: 43).

Ser compositor de las propias clases supone estar atento, "predispuesto para rastrear y crear permanentemente oportunidades con el objetivo de hacer clases más interesantes". El docente compositor "disfruta de su tarea y, con sentido crítico, sabe reconocer y aprovechar al máximo los muchos o pocos recursos disponibles" (Spielger, 2006: 10). "El docente compositor actúa como un experto *luthier* que diseña y moldea artesanalmente los instrumentos que luego utilizará en su clase" (Spiegel, 2006: 135).

Las construcciones metodológicas no son neutrales, en el sentido que dan cuenta de las posiciones epistemológicas, psicológicas, didácticas, filosóficas de quienes las crean o las utilizan. Dicho de otro modo, tanto la selección, jerarquización y secuenciación que hagamos del contenido a enseñar, como el tratamiento didáctico que le demos, da cuenta de nuestras propias concepciones acerca de qué es el conocimiento en general, cuáles son las características del conocimiento disciplinar, qué es aprender y qué supone ser sujeto de aprendizaje, qué es enseñar, para qué sirven las instituciones educativas, entre otras cuestiones.

Muchas veces esas concepciones son explícitas, otras subyacentes (Sanjurjo, 1994). Pero, cuanto menos, las elecciones didácticas que todo docente realiza se basan en una concepción epistemológica acerca del contenido a enseñar y una concepción psicológica acerca del sujeto de aprendizaje; sobre las cuales se construye la concepción de enseñanza y la ayuda pedagógica coherente.

En relación a las *concepciones epistemológicas acerca del conocimiento en general*, resultaría interesante que, como docentes, volvamos a las preguntas originales básicas acerca del conocimiento, preguntas que han estado en el origen mismo de la filosofía. Pues ello permitiría aclararnos acerca de nuestros posicionamientos epistemológicos, lo que posibilitará ser más conscientes, al respecto, a la hora de tomar decisiones didácticas. ¿Es posible conocer?, ¿dónde se origina el conocimiento?, ¿qué conocemos? son preguntas que dieron origen a teorías opuestas o diversas, las que impactaron en las concepciones acerca de la enseñanza. ¿Es posible conocer la realidad tal cual es?, ¿o solo conocemos una "sombra" de ella?, si podemos conocerla, ¿la conocemos como una "copia" textual?, ¿o hacemos una construcción aproximativa? Resulta evidente que vamos a proceder didácticamente distinto según las respuestas que nos demos acerca de estos interrogantes.

De modo tal, que la fuente de las concepciones didácticas podríamos encontrarlas en teorías del conocimiento tales como el racionalismo y el empirismo. Como ejemplos nos permite mostrar cómo dos enfoques epistemológicos distintos derivaron en modos antagónicos de entender la *enseñanza*. También es necesario advertir que los modos de concebir el *aprendizaje* siempre serán coherentes con las concepciones epistemológicas a las que se adhieran.

Sócrates sienta las bases de una concepción innatista del conocimiento, desde la cual el trabajo del docente se asemejaría al de una partera. Utilizando el interrogatorio lograría que sus discípulos saquen a luz conocimientos que ya poseen. La mayéutica como método de conocimiento ha sido valorizada desde múltiples posiciones, fundamentalmente a partir de las ideas que plantean el conocimiento como producto de un proceso. A diferencia de los enfoques constructivistas, la mayéutica entiende el conocimiento como innato y el aprendizaje como el proceso a través del cual y mediante la ayuda pedagógica se dan a luz los conocimientos que ya estaban en el discípulo.

En la Edad Media, si bien sigue aceptándose la hipótesis de las ideas innatas, la concepción pesimista acerca de la naturaleza humana, relacionada con la idea del pecado original, plantea una visión autoritaria de la transmisión del conocimiento. El racionalismo sostiene la creencia en una verdad uniforme que debe ser encontrada a través de la razón. Los métodos enciclopedistas, verbalistas y centrados en el docente tienen sus bases en estas concepciones acerca del conocimiento. El empirismo, a partir de una noción opuesta acerca del conocimiento, sienta las bases de una concepción de aprendizaje y de enseñanza que derivará en métodos activos.

El planteo empirista de John Locke resultó de alto impacto para las propuestas didácticas posteriores. Su concepción acerca de la mente como una tabla rasa, modifica sustancialmente los métodos de enseñanza. Si el conocimiento proviene de los sentidos, es necesario poner al sujeto que aprende en contacto con los objetos para que se produzca el aprendizaje. Locke destaca la supremacía del método sobre el contenido. Este último es solo un medio para el desarrollo de los procedimientos formales (capacidad lógica, memoria). Para Locke el aprendizaje se inicia en la experiencia sensorial, a partir de la cual se adquirían las ideas simples, sobre las que –mediante la combinación relación y abstracción– se elaboraban las complejas. Los materiales didácticos y la ayuda pedagógica tenían un rol central en este modo de concebir el aprendizaje. Pestalozzi renueva la creencia en la importancia de la experiencia sensorial, llamada por él "intuición", fundamentalmente en el inicio del aprendizaje. Luego los ejercicios propuestos por el maestro permitirían la sistematización y organización del conocimiento. Son claras las influencias de los empiristas y de los primeros pedagogos en el movimiento de escuela nueva, el que, a partir del principio de actividad, sienta las bases de una concepción de conocimiento como producto de la actividad del sujeto que aprende.

Por su parte, Herbart, adhiriendo a las ideas empiristas, sostiene que una nueva idea o representación necesita articularse como un todo unitario al conjunto de percepciones preexistentes en la mente. Por ello, partiendo de la experiencia sensible, los estudios deben ser correlacionados para favorecer la unidad de la mente. Las ideas de Herbart tuvieron amplia repercusión en la Didáctica, pues se presentaban como un sistema lógico y estructurado. Muchos de sus discípulos formularon diseños de enseñanza que tuvieron un alto impacto en las prácticas áulicas.

Los enfoques constructivistas, tanto desde la Filosofía como desde la Psicología, sientan las bases del conocimiento como construcción social y del aprendizaje como proceso reconstructivo a través del cual el sujeto que aprende se apropia de los productos culturales de su contexto y genera nuevos. Los aportes del constructivismo a la enseñanza significaron un importante avance en la Didáctica. Si bien originalmente el constructivismo, partiendo de preocupaciones gnoseológicas, se centró en el análisis del aprendizaje y su relación con el desarrollo (Piaget), rápidamente impactó tanto en las prácticas como en las teorías de la enseñanza (Aebli, Ausubel, Monserrat Moreno, Ferreiro, Kamii, entre otros).

Los conceptos de realismo crítico y de epistemología genética, con los que suele denominarse la postura piagetiana acerca del conocimiento, son esclarecedores ya que permiten comprender que los aportes de Piaget no se reducen a una descripción lineal de etapas por las que pasa el desarrollo del sujeto. La concepción piagetiana acerca del conocimiento es realista por cuanto sostiene que la realidad existe y que es posible conocerla; es crítica, porque no conocemos pasivamente esa realidad, sino que el sujeto que aprende hace una reconstrucción aproximativa y cada vez más compleja acerca de ella. Nuestra cognición no procede cual si fuese una fotocopiadora de la realidad, sino que el sujeto, en interacción con el medio, realiza construcciones aproximativas de esa realidad. Con lo cual Piaget sienta las bases no solo de una distinta manera de comprender el aprendizaje sino también una epistemología que intenta mostrar el proceso de génesis del conocimiento.

Entel (1985) aporta un interesante análisis acerca del tratamiento epistemológico del contenido escolar y su impacto en la enseñanza, a través de un trabajo en el que observa las prácticas más habituales en la escuela. Al respecto señala que, tanto en los diseños curriculares como en las propuestas editoriales y áulicas es posible todavía encontrar un tratamiento del conocimiento como entidad, como una cosa que el docente debe depositar en el estudiante. Se trata de una visión heredera del positivismo, que dio lugar a concebir el aprendizaje como la recepción de información o como el establecimiento de relaciones mecánicas entre estímulos y respuestas. Señala la autora que esta manera de entender el conocimiento derivó en una organización curricular atomizada de los contenidos, en propuestas didácticas lineales y mecanicistas, tratándose de un modo ya residual en las aulas.

Por otra parte, señala que, según su parecer y al momento de realizar el análisis, el modo dominante de concebir el conocimiento en la escuela es entenderlo como un sistema. Heredera del estructuralismo, esta modalidad derivó en una concepción de aprendizaje relacional y en propuestas didácticas problematizadoras que posibiliten la comprensión de sentidos dentro de totalidades significativas.

Además, analiza lo que considera una concepción emergente que entiende el conocimiento como producto de un proceso y el aprendizaje como el proceso que posibilita que el sujeto se apropie de ese producto. Esta manera de concebir el conocimiento y el aprendizaje dio lugar a propuestas didácticas que intentan promover la comprensión y el proceso de construcción. Entendiendo por comprensión el proceso a través del cual el sujeto que aprende establece relaciones, realiza nuevas construcciones a partir de relaciones de diferencias y semejanzas, se da cuenta y puede dar cuenta de los procesos realizados (metacognición), lo que le permite utilizar los conocimientos construidos en nuevas situaciones. Es decir que el establecimiento de relaciones, los procesos metacognitivos y la funcionalidad son dimensiones inherentes a la comprensión, por lo que deberían constituirse en pilares de toda propuesta didáctica.

Vigotsky, por su parte, centra su preocupación en la importancia del contexto y en la intervención educativa como mediadora entre la cultura y el individuo. La educación como algo externo constituye una condición fundamental para el desarrollo. Dado que la interacción social es la posibilitadora de los aprendizajes, el docente, los otros, el contenido escolar y el espacio de encuentro entre esos componentes son determinantes para el aprendizaje de los conocimientos científicos y culturales.

Principios constructivistas, tales como los que se enumeran a continuación, posibilitaron la elaboración de aportes a la teoría de la enseñanza, desde los cuales se le vuelve a otorgar un rol importante al docente, a la enseñanza, a la Didáctica:

- el sujeto que aprende no es una hoja en blanco,
- las teorías nuevas se "leen" a partir de teorías previas y se articulan con ellas,
- dichas teorías se construyen muchas veces como obstáculos pedagógicos, por cuanto el sujeto que aprende se resiste a abandonarlas,
- las estructuras cognitivas, los conceptos y teorías se van estructurando a partir de múltiples articulaciones, como en una red,
- el conflicto cognitivo pone en cuestión los preconceptos y teorías y posibilita el desequilibrio necesario para que se produzca el aprendizaje,
- el conocimiento es producto de un proceso de construcción a partir de la interacción entre el sujeto y el objeto de conocimiento,
- para la adquisición de conocimiento científico es necesaria la ayuda pedagógica que posibilite el cambio conceptual.

Consideramos al constructivismo una teoría superadora acerca del aprendizaje por cuanto explica, mejor que otras, cómo procedemos cuando aprendemos conocimientos complejos, como los que se desarrollan en la escuela. Otras teorías no han podido dar cuenta de cómo se adquieren esos conocimientos, aunque realizaron aportes parciales al respecto. El conductismo se ha reducido al estudio de aprendizajes mecánicos, cometiendo el error de extender ese modelo a todo tipo de aprendizaje. La gestalt, desarrolló estudios sobre el modo de percibir la realidad y avanzó a partir del concepto de estructura, mostrando que percibimos totalidades significativas. Pero es el *constructivismo* el que profundiza el proceso de construcción de nuestras estructuras cognitivas y de los conocimientos complejos, con lo cual echa luz acerca de cómo se produce ese proceso y sienta las bases para elaborar propuestas acerca de cómo orientarlo.

Coincidiendo con los autores que consideran el conocimiento como producto de un proceso social y el aprendizaje como el proceso de reconstrucción individual del conocimiento y de los bienes culturales, es que apostamos a la enseñanza como una práctica social contextuada, depositaria de diversos legados y herencias (Camillioni, 1990). Y estamos convencidas que, como toda práctica social, puede ser siempre reconstruida y mejorada por los actores sociales, sean políticos, directivos, docentes. Esta publicación ha centrado su interés en la mejora de las prácticas áulicas, y por ello pretende constituirse en un aporte para un actor clave en ese proceso: el docente.

Docente que requerirá no solo de las condiciones estructurales que le permitan llevar a cabo su práctica acorde a lo que la sociedad espera de él, sino que también deberá proveerse de un bagaje de conocimientos que le permitan construir propuestas didácticas con compromiso individual y social, fundamentadas y contextualizadas. Para lo cual requiere, además, un alto grado de autonomía, y la posibilidad de socializar sus saberes y sus prácticas. Ya que la confrontación permanente de sus prácticas con las teorías y con los colegas le garantizará el desarrollo de una práctica reflexiva. "El carácter de servicio social y público de la enseñanza reclama, al lado de los criterios personales con que cada profesor elabora su práctica, criterios sociales, colegiados y críticos que han de estar por encima, expresándolo de algún modo, de las decisiones únicamente particulares e individuales" (Escudero Muñoz, 1993:85).

Dicho de otra manera, sin desconocer los condicionantes contextuales (políticos, sociales, institucionales, entre otros), sabemos que los buenos docentes son capaces de llevar a cabo la enseñanza, muchas veces a pesar del contexto. Tomando palabras de Trillo, se trata de aportar "ideas para que esa comprensión del contexto en el que un profesor desarrolla su actuación resulte, simplemente, lo más certera posible: contingente, ágil, razonable, susceptible de ser explicada, y por tanto también autoevaluada de manera flexible y crítica. Shavelson (1986) dijo en su día que un profesor era alguien capaz de tomar decisiones razonables en un contexto complejo e incierto. No está nada mal eso de que sean razonables, esto es, que puedan explicarse y justificarse. En efecto, los buenos profesores saben que la única manera de desarrollarse profesionalmente les exige pensar y repensar su práctica." (2008: 6). Recalca Trillo más adelante "… quisiera resaltar como en ocasiones lo más emocionante de la actuación docente consiste precisamente en ver cómo los profesores se sobreponen al decorado; esto es, que en la presumible lógica causal y determinista que todas las condiciones que enunciaré a continuación ejercen sobre el quehacer docente es posible introducir (no sin esfuerzo) el cambio: algún cambio (que por supuesto se supone para mejor…" (2008: 7).

Entre los saberes necesarios, Shulman (1989) distingue siete tipos de conocimiento para que el docente pueda resolver los problemas que le plantea la enseñanza: conocimiento del contenido, conocimiento pedagógico, conocimiento del currículum, conocimiento de los alumnos y del aprendizaje, conocimiento del contexto, conocimiento de filosofía —es decir relacionados con los objetivos y finalidades— y conocimiento didáctico del contenido. Si bien muchos autores coinciden con estos tipos de contenidos, otros señalan algunos menos y/o cuestionan la distinción entre conocimiento pedagógico y *conocimiento didáctico del contenido*. En esta publicación lo tomaremos como un conocimiento central para la práctica de enseñanza, ya que resulta un concepto potente, pues permite focalizar la preocupación en la tarea más específica de la docencia: *hacer un contenido disciplinar comprensible e interesante para los estudiantes*, por lo que también abre el camino al desarrollo de *didácticas específicas*.

En palabras de Shulman (citado por Carlos Marcelo, 1993: 158), "Dentro de la categoría conocimiento didáctico del contenido incluyo los temas más comúnmente enseñados en una determinada asignatura, las formas más útiles para representar las ideas, las analogías ilustraciones, ejemplos, explicaciones y demostraciones más poderosas, en una palabra, las formas de representar y formular el contenido para hacerlo comprensible a otros. El conocimiento didáctico del contenido también incluye un conocimiento de lo que facilita o dificulta el aprendizaje de temas concretos; las concepciones y preconcepciones que los estudiantes de diferentes edades y procedencia traen consigo cuando aprenden los temas y lecciones más frecuentemente enseñadas."

Dicho de otra manera, se entiende por conocimiento didáctico del contenido la forma en que el docente procesa el contenido a enseñar, de tal manera que el mismo se transforme en contenido enseñable para que los estudiantes lo comprendan, sin que el mismo sea deformado. En términos de Chevallard (1986) se trata de la *transposición didáctica*, concepto interesante que muestra la falta de sustento del dicho "el que sabe, sabe y el que no enseña", ya que el que enseña debe saber el contenido disciplinar, pero fundamentalmente los problemas de comprensión que dicho contenido puede originar y también cómo resolverlos.

Afirmar esto no supone sostener que carece de importancia el conocimiento del contenido disciplinar. Por el contrario, para poder resolver cómo hacer comprensible e interesante un contenido disciplinar, es necesario no solo estar informado acerca de hechos y datos sino comprender la estructura sustantiva o profunda de la disciplina. Es necesario que el docente comprenda la red de relaciones entre conceptos y teorías, las relaciones de semejanzas y diferencias, la historia epistemológica de la construcción disciplinar, qué teorías reemplazaron a otras, en qué momento histórico, movidas por qué intereses, entre otras cuestiones. Solo ese conocimiento le permitirá seleccionar, jerarquizar y secuenciar el contenido, como así también construir las mejores secuencias didácticas para su enseñanza. También le permitirá relacionar el contenido disciplinar con los de otras disciplinas y con la vida cotidiana. Lo que le posibilitará encontrar los ejemplos, metáforas, preguntas, analogías más potentes.

Desde esta perspectiva, la *formación inicial y continua* en la práctica docente necesita complejizarse. "La práctica se apoya en las interpretaciones de las situaciones particulares como un todo, y no puede mejorarse si no se mejoran dichas interpretaciones. Además, tales interpretaciones no son 'objetivas' en el sentido racionalista de estar libres de sesgos y prejuicios de las culturas prácticas cotidianas. Desde la perspectiva de la ciencia práctica los sesgos son una condición de la comprensión situacional porque todas las interpretaciones se configuran dentro de culturas prácticas, sistemas de creencias y valores condicionados por problemas prácticos" (Elliot, citado por Pérez Gómez, 1993: 33).

La formación del docente como profesional reflexivo requiere por tanto el desarrollo de su capacidad de comprender las situaciones complejas. "La intervención inteligente en los problemas complejos de la práctica educativa no se deriva directamente de las proposiciones teóricas como propone la perspectiva racionalista, ni se reduce al dominio de conductas previamente entrenadas como propone la perspectiva técnica. Requiere más bien, el desarrollo y construcción de esquemas fl exibles de pensamiento y actuación, que posibiliten el juicio razonado en cada contexto singular, y la experimentación refl exiva de propuestas alternativas y fundamentadas" (Pérez Gómez, 1993: 33). Solo una formación de este tipo puede permitir al docente una permanente reconstrucción de su conocimiento pedagógico.

Carlos Marcelo agrega que "es preciso prestar mayor atención –conceptual y empírica– a la forma en que los profesores 'transforman' el conocimiento que poseen de la materia en conocimiento 'enseñable' y comprensible para los alumnos" (1993: 153).

Pero, además, debe saber cómo aprenden los estudiantes, en qué contexto desarrolla su práctica, qué dice el diseño curricular y por qué, cuáles son las finalidades de su quehacer. Lo antedicho también nos alerta acerca de problemáticas relacionadas con la formación docente. Entre otras la relativa a ¿en qué medida la formación docente inicial y el desarrollo profesional ponen énfasis en el aprendizaje del conocimiento didáctico del contenido?, ¿quiénes son responsables de enseñar lo necesario para esa construcción?, ¿puede el futuro docente sin ayuda pedagógica establecer las necesarias articulaciones para construir un conocimiento tan complejo?, ¿puede éste construirse si continuamos separando totalmente la formación disciplinar de la pedagógica y del campo de la práctica?

Bolívar (2005) señala que en el campo de la Didáctica ha existido en los últimos veinte años una tendencia a valorar más cómo se enseña, que lo que se enseña. Cierto pedagogismo ha separado, un tanto artificialmente, contenidos y práctica docente, desdeñando la dimensión de conocimiento del contenido del currículo o materia a enseñar. No se trata de dos campos separados, sino en empezar a formar al profesorado en un conocimiento de la materia específicamente didáctico, y es aquí donde se sitúa el posible status propio y justificación de una didáctica específica.

Nuestra experiencia nos ha mostrado cuánto camino hay todavía para recorrer en las instituciones de formación docente. Los fundamentos expuestos pretenden tanto dejar sentadas las bases de la importancia de la construcción de *Didácticas específicas* como así también de los aportes que la *Didáctica general* puede ofrecer.

Capítulo II

La planificación de la enseñanza como decisión profesional del docente

La planificación de la enseñanza siempre ha sido uno de los temas ineludibles en la formación y en la práctica docente. Esta actividad cotidiana, naturalizada como parte de la cultura profesional, constituye una preocupación de docentes, formadores y directivos con matices diferenciales según el nivel de la enseñanza al que nos aboquemos. A lo largo del desarrollo de la Didáctica, la planificación y el diseño de las clases pasó por distintos formatos en consonancia con los posicionamientos teóricos que se han desarrollado en el capítulo anterior. Si bien los enfoques o paradigmas fueron disímiles entre sí, ninguno soslayó la cuestión de la planificación, dándole una impronta particular.

En la actualidad, la redefinición conceptual de la planificación, continúa presentando dificultades, tal vez debido a la extensa influencia del modelo tecnicista y a la reforma educativa que atravesó nuestro sistema educativo en los 90. Ambos enfoques, con diferencias entre sí, coincidieron en una fuerte prescripción que reguló los modos de organizar las clases e indujo a la modificación de la forma y a la definición de los componentes curriculares presentes en los planes docentes.

Todo estilo de planificación requiere de un proceso de definición de aspectos, fundamentados claramente en una perspectiva teórica que les otorga sentido. Cuando el modelo se vacía de contenido teórico y el docente deja de pensar los fundamentos de las decisiones profesionales que toma, la planificación se transforma en un ritual carente de sentido para la práctica.

Haciendo una síntesis estricta sobre la evolución del tema de la planificación en el campo de la Didáctica, se aprecia el siguiente recorrido histórico: la impronta fuerte del modelo tecnicista que fue hegemónico durante largo tiempo en el modo de planificar; en una segunda etapa, la problemática de la planificación, se enmarca en el movimiento de crítica al tecnicismo y en la emergencia de un modelo alternativo; para finalmente, ubicarse como una de las dimensiones a tratar dentro del campo del curriculum. En la actualidad se intenta ensayar formas creativas de planificar, en las cuales objetivos, contenidos, metodología y actividades, ítems fundantes de la planificación tradicional, no dejan de aparecer, pero se construyen de manera tal que se exhiben claramente como espacios decisionales a ser llenados en la práctica.

La preocupación por la programación o planificación de la enseñanza, surge vinculada al movimiento científico de la educación y a la didáctica tecnicista cuyo comienzo puede ubicarse a principio del siglo con el trabajo pionero de Bobbit (1918) y posteriormente, con Tyler (1949) y los numerosos trabajos de la década de 1970: Bloom (1971), Gagné y Briggs (1977) y Taba (1974).

Bajo este modelo de racionalidad técnica, el interés por planificar se centró en primer lugar, en el análisis de las tareas a desempeñar y los hábitos necesarios para desenvolverse con eficiencia en cada área. Este listado detallado de las tareas, realizado por los expertos, daba lugar a la explicitación de los objetivos de aprendizaje expresados en términos de conductas observables, lo que derivó finalmente, en el diseño de los medios más adecuados de las actividades de aprendizaje que los alumnos debían realizar en la escuela, para lograr los objetivos previamente determinados, y en la especificación de los mecanismos de evaluación correspondientes.

Las cartas descriptivas, como las denomina Diaz Barriga (1980), concebidas por especialistas generan "un modelo de enseñanza en función de cuatro operaciones básicas: definir objetivos, determinar puntos de partida característicos del alumno, seleccionar procedimientos para alcanzar los objetivos, y controlar los resultados obtenidos" (Furlan, 1979: 143).

Los componentes curriculares básicos de este modelo son los objetivos, las actividades y la evaluación, centrando la problemática en los objetivos y cuidando la coherencia interna con el resto de los elementos del modelo.

Este estilo de planificación dejó una marca fuerte en la Argentina omitiendo una serie de análisis en relación al propio currículum, al problema del contenido, a las condiciones psicosociales de los sujetos que aprenden y al contexto particular. Es claro que, en este enfoque, la planificación se aleja de un acto creativo y artesanal para transformarlo en una rutina, un esquema rígido altamente prescriptivo, con pretensiones de universalidad y de neutralidad.

En una etapa siguiente, que se desarrolla desde fines de 1970 y durante la década de los 80, el problema de la planificación se centra en el cuestionamiento al enfoque tecnicista. Podemos mencionar diversos trabajos que dan cuenta de este movimiento de crítica a la planificación por objetivos, como Gimeno Sacristán (1982), Stenhouse (1984), Eisner (1985) y Díaz Barriga (1988). Estos aportes proponen un "modelo procesual" para concebir la planificación y el desarrollo de la enseñanza.

Los trabajos mencionados se caracterizan por suprimir el sentido tecnocrático y gerencial depositado en la planificación, al disolver la división entre los expertos o técnicos por un lado y los ejecutores o prácticos por el otro y plantean la imposibilidad de separar en el campo educativo la discusión sobre los medios del debate sobre los fines. Asimismo, el movimiento de crítica es el origen de una de las ideas que caracterizarán al próximo período y que permitió entender a la planificación como proceso de reflexión, de toma de decisiones, de análisis de problemas y de búsqueda de soluciones por parte del docente. Esta idea germina a partir de las nuevas concepciones sobre el rol docente que proponen la figura del profesor como investigador (Stenhouse, 1984) y como profesional reflexivo (Schön, 1992).

Hacia fines de la década del 80 y durante los años 90, el problema de la planificación se aborda desde distintas orientaciones teóricas dentro del campo del currículum (Torres Santomé, 1994; Gimeno Sacristán 1988; Coll 1987). Durante este período, el cuestionamiento al modelo racional-tecnológico continúa y se realizan planteos vinculados a la programación didáctica que diferencian diversos niveles del currículum y establecen el ámbito y los agentes vinculados a cada nivel. El enfoque multidimensional permitió pensar al currículum como el entrecruzamiento de prácticas diversas y establecen la importancia de abordar su estudio desde una perspectiva procesual, para reconstruir su trama y su sentido a través del análisis de las interacciones e influencias en las que se entrecruzan cada uno de los sujetos y ámbitos que moldean al currículum.

En el marco de estas nuevas formas de comprender la actividad docente, la planificación se define como una instancia de reflexión, un lugar intermedio entre la teoría y la práctica educativa: los docentes se posicionan como sujetos activos que analizan la complejidad de la disciplina y las particularidades del conocimiento a enseñar, las características de sus alumnos y de las instituciones en que trabajan para, en función de todos estos factores, tomar decisiones y elegir las estrategias más apropiadas. Esta actividad revaloriza el papel creador y comprometido del docente, aunque no podemos negar que existen condicionamientos para acceder a los grados de libertad y reflexión que requieren las decisiones en la totalidad de los ámbitos que configuran su práctica.

Como parte de esta nueva perspectiva que intenta indagar los procesos reales por los que atraviesa el docente mientras planifica, Salinas (1994) propone reemplazar la pregunta habitual acerca de la planificación, aquella que se planteaba *"cómo debería planificar el profesor"*, por otra que se interrogue acerca de *"cómo podría planificar el docente".* El autor pretende leer la relación teoría y práctica que subyace en la primera pregunta no de modo prescriptivo y directo, sino abrirla a una diversidad de enfoques y respuestas existentes y posibles para la actividad de planificar.

El mismo autor, también alerta sobre la confusión que se genera cuando no se distingue entre la planificación como proceso y la planificación escrita, su resultado. Lo segundo representaría solo una pequeña parte de los problemas que se han abordado durante el proceso de la planificación ya que como expresa Salinas planificar la enseñanza, es bastante más que definir objetivos, contenidos, métodos y criterios de evaluación. Planificar significa pensar, valorar y tomar decisiones que valgan la pena sobre situaciones cotidianas, sobre posibles acontecimientos imprevisibles y sobre un grupo de personas agrupadas en el espacio escolar.

Consideramos necesario revisar el sentido que la planificación adquiere para los docentes que la llevan a cabo y también para quienes las supervisan, para que la distinción de la que hablamos entre el plan plasmado por escrito y el proceso reflexivo de planificar sea asumida por los actores implicados. La realidad de las instituciones educativas nos permite afirmar que si bien en el campo del discurso se rechaza el modelo de programación tecnicista, la construcción de otro alternativo que lo suplante, muestra todavía limitaciones que deben continuar superándose.

Una línea de trabajo que ha cobrado relevancia en los últimos años considera, como posibilidad de planificar la experiencia individual y colectiva, el narrar las prácticas de enseñanza articuladas con los procesos de escritura de una hipótesis de trabajo. Desde este enfoque la planificación expresa claramente la dimensión subjetiva del docente, ya que escribir la planificación es un acto cognitivo que se inscribe como un conocimiento propio del docente, como construcción metodológica que articula los procesos reflexivos en torno a qué y cómo se enseña y al qué y cómo se aprende.

En la actualidad surgen propuestas alternativas que experimentan con formatos de escritura diferentes de la planificación tradicional. En los últimos años, el trabajo con narrativas, con diarios de clases, con biografías escolares y una mirada etnográfica del trabajo escolar ha adquirido un papel destacado y nos está advirtiendo acerca de la importancia que tiene la escritura como espacio de anticipación, objetivación y análisis de las prácticas.

Desde este enfoque se propone, como instancia posible, la escritura de "guiones conjeturales" como relatos de anticipación del acontecer del aula. En los guiones conjeturales se proponen actividades y, fundamentalmente, se predice acerca del impacto posible de esas tareas en el aula, dando cuenta de los propósitos, justificando ciertas decisiones, describiendo los sujetos, la institución y la escena donde ocurrirá la enseñanza.

Bombini (2006) propone planificar en una suerte de relato de anticipación, de género didáctica-ficción que permite predecir prácticas a la vez que "libera" al docente, ya que le permite hipotetizar una práctica dúctil, permeable a las condiciones de su producción y a los sujetos (el docente-los alumnos) que en ellas participan.

Esta forma de planificar permite que se despliegue la construcción de una secuencia narrativa y el análisis entre lo programando y lo sucedido en el marco de la clase. En el relato de lo que se anticipa para enseñar es posible construir una narrativa que incluye el deseo y la imaginación para proyectar la enseñanza. Este enfoque propone escribir la planificación con formato de guión conjetural como una alternativa que afianza la intencionalidad sin dejar de lado la imaginación del docente en la enseñanza.

Asimismo, otro aspecto que caracteriza al guión conjetural es su inconclusividad ya que rara vez el texto definitivo se plasma en papel. Su lógica tiene que ver con un proceso de construcción que alterna la escritura con la toma de decisiones que jamás se vuelcan al papel. Es decir, el guión siempre está a mitad de camino, nunca termina de construirse del todo, aún después de haberse llevado a la práctica concreta del aula.

Bombini considera que el docente se mueve con mayor grado de libertad entre lo que debía/quería/pensaba desarrollar y lo que finalmente sucedió. La práctica puede corroborar o desdecir total o parcialmente el guión anticipado pero lo que es indudable es que siempre lo modificará. Podemos analizar en esta narración de anticipación la construcción de la práctica partir de decisiones tomadas y por tomar, de certezas y de incertidumbres, de hipótesis y suposiciones, de fundamentaciones y propuestas, de una lógica que se va construyendo a medida que la escritura avanza y que se termina de construir cuando la práctica se va desarrollando.

Consideramos que para que este modo de planificar permita realmente reflexionar y modificar las prácticas, y para que se objetive la confrontación entre lo que se planificó y lo que sucedió sería imprescindible socializar sobre lo acontecido. Podría pensarse en los dispositivos formativos para enseñar así como un modo de desarrollo profesional a organizar al interior de las instituciones educativas. También, dado que la planificación no solo es una guía para el docente, sino que puede muy bien cumplir la función de "contrato pedagógico", tanto entre el docente y el estudiante como entre el docente y la institución, es importante que, más allá de los espacios de autonomía individual, los modos de planificar la tarea en el aula sean acordados institucionalmente, para que la producción individual pueda ser interpretada y compartida. La comunicabilidad de lo que se escribe adquiere, entonces, su relevancia.

En síntesis, el guión conjetural se presenta como un género que releva a la planificación, no en lo burocrático sino en la manera de pensar la enseñanza y la relación con el conocimiento. Es un instrumento que sirve para organizar su propia práctica y, a la vez, reflexionar sobre ella. Entendemos que no se trata pues de decir cuál es la mejor manera de planificar, sino más bien de comprender el pensamiento del profesor, de hacer inteligible por qué, en determinadas circunstancias, en un contexto dado y en lo concerniente al conocimiento de una determinada disciplina, toma determinadas decisiones y cuáles son los efectos en los procesos de aprendizaje y en la construcción de los contenidos efectivamente enseñados. En ese sentido, la narrativa en sus diversas posibilidades colabora con este proceso.

Desde un enfoque reflexivo la cuestión de la enseñanza está atravesada por una serie de preguntas que nos realizamos los profesores al momento de organizar la actividad del aula. Decidimos acerca de:

- ¿Para qué enseñamos?
- ¿Qué contenidos son los que debemos priorizar en el proceso de enseñanza? ¿Cómo presentarlos a los estudiantes para que les resulten comprensibles, interesantes y articulables con sus ideas previas? ¿Cómo favorecer las relaciones entre los diferentes contenidos que se enseñan?
- ¿A través de qué formas básicas de enseñar se posibilita el aprendizaje?
- ¿Cómo reuniremos información acerca de si el contenido fue comprendido o no?

Las respuestas que se den a estas cuestiones son propias de cualquier programación independientemente del formato que se utilice.

Ante la cuestión del para qué enseñar, hacemos referencia a la intencionalidad implícita, lo cual remite a los propósitos o a los objetivos. En el caso de los propósitos se remarca la intención docente, en el caso de los objetivos, el logro del alumno. Podríamos decir que el primero es el punto de partida, lo que estará disponible para el estudiante, mientras que el segundo es el punto de llegada, lo que alumno aprenderá, sabrá o será capaz de hacer. Toda planificación debería ofrecer, explícitamente, alguno de estos dos componentes o ambos.

En cuanto al qué enseñar, una de las decisiones principales es la organización de los contenidos ya que los criterios a adoptar dependen de variados factores. Al respecto, sabemos muy bien que no existe una única manera de organizar los contenidos por lo cual conviene aclarar que la fuente disciplinar no debería ser el criterio exclusivo para seleccionar, organizar y secuenciar los contenidos. Los aportes de la psicología, la sociología y la didáctica deberían ser tenidos igualmente en cuenta en este proceso.

En este sentido Ausubel, es quien centra la preocupación en el aprendizaje de contenidos escolares y pone el acento en la interacción entre los conocimientos previos, vulgares o escolares, y los nuevos. Esa interacción es lo que posibilita, según el autor, la construcción de nuevos contenidos. Su distinción entre aprendizaje mecánico –aquél que se produce por el establecimiento de relaciones arbitrarias– y significativo –aquél que es producto del establecimiento de relaciones sustanciales, nos permite pensar acerca de la importancia tanto de la organización del contenido a enseñar como de su tratamiento metodológico.

Para que se produzca el aprendizaje significativo o dicho en otros términos, la comprensión de un nuevo contenido, Ausubel destaca la importancia que se den condiciones tanto en el estudiante, como en el contenido a enseñar, y en la enseñanza. De parte del estudiante se requiere que parta de una actitud favorable y disponga del bagaje necesario para relacionar el nuevo contenido. En cuanto al contenido, debe ser funcional (es decir que el estudiante pueda comprender la importancia y que el docente se la haga ver), debe ser integrable e internamente coherente. Es necesario, de parte del docente, una cuidadosa selección, secuenciación y jerarquización del contenido. Además, es importante que brinde la ayuda pedagógica para facilitar el establecimiento de relaciones, la diferenciación progresiva y las síntesis integradoras.

Coll (1987) propone abordar la secuenciación de contenidos estableciendo jerarquías, teniendo en cuenta simultáneamente la estructura interna de los contenidos y los procesos psicológicos de los alumnos. Pero si la secuenciación se centra exclusivamente en los componentes conceptuales, podemos correr el riesgo de abandonar otros criterios para que el aprendizaje sea significativo, es decir para que el estudiante establezca relaciones sustanciales entre lo que sabe y lo que aprende nuevo.

Retomando lo expuesto por Shulman, al momento de secuenciar se deben considerar los dos tipos de conocimientos, el sustantivo (determinado por la preguntas centrales abordadas por la asignatura) y el sintáctico (criterios metodológicos para garantizar una mayor comprensión e interés). Dado que la estructura lógica puede ser difícil de comprender en algunos casos, los contenidos deben enseñarse de manera progresiva y teniendo en cuenta las características de los sujetos que aprenden.

Acerca de los criterios a considerar al momento de secuenciar y organizar contenidos, existen coincidencias entre los autores que trabajan el tema desde una perspectiva constructivista. Sánchez Iniesta (1994) menciona algunos de los criterios que pueden servir de referencia para elaborar secuencias de contenidos como por ejemplo, partir de los conocimientos previos de los alumnos, realizar un análisis lógico y psicológico del contenido a enseñar, elegir ejes organizadores, relacionar la secuencia con contenidos de otras áreas del curriculum, organizar siguiendo una progresión cíclica y no lineal y elaborar secuencias con estructura flexible debido a las modificaciones a las que están sujetas.

Como vemos, entre los modos posibles de secuenciar contenidos existen distintas progresiones, las cuales dependen de los propósitos que se tengan. Podemos distinguir entre secuencias lineales, concéntricas o espiraladas. En las secuencias lineales, se sigue un orden que se considera necesario, como puede ser el cronológico, incorporando los contenidos de manera sucesiva sin considerar el nivel de complejidad. En las secuencias concéntricas se parte de un panorama amplio, para luego ir profundizando algunos aspectos con mayor detalle. La imagen que mejor ilustra esta clase de organización es el efecto zoom, en el que se puede ir y venir, movimiento en el que la escena se enriquece. En el tipo de secuencia denominada espiralada se avanza, no solo en detalle sino en complejidad creciente, como un caracol, redescribiendo y promoviendo análisis sobre los conceptos. Este modo de diseñar el currículum posibilita formalizaciones complejas, profundidad teórica y acomodación de las nuevas estructuras. Por otra parte, dado que la selección de contenidos disciplinares y su organización implica componentes valorativos e ideológicos, es importante que éstos sean explicitados y consensuados en el marco de las instituciones educativas.

Por último, Feldman y Palamidessi (2001) trabajan una ilustrativa metáfora acerca de cómo puede organizarse el contenido en función de la enseñanza. Expresan los autores que puede pensarse como biblioteca (o sea enseñar y aprender a acrecentar la biblioteca), como herramienta (aprender ciertas cosas para poder realizar algo con ellas) o como práctica (solo se aprende practicando, por lo tanto hay que enseñarlo en situación).

A la pregunta acerca de la forma de enseñar, hacemos referencia a las actividades o estrategias metodológicas que se pondrán en juego en la clase. En la selección de esas actividades los docentes vamos construyendo criterios propios, por ejemplo preferimos actividades que permitan interactuar con objetos y materiales reales, o simbólicos, o entre los sujetos implicados. Raths (1971) citado por Stenhouse (2003) propone una serie de criterios para el diseño de actividades de enseñanza-aprendizaje que tengan un cierto valor pedagógico.

Sintetizando los aportes del autor, una actividad es más gratificante que otra si permite a los estudiantes efectuar elecciones informadas para realizar la actividad y reflexionar sobre las consecuencias de sus opciones, si se les asigna un papel activo en las situaciones de aprendizaje y si exige que indaguen sobre ideas, aplicaciones de procesos intelectuales o problemas cotidianos personales o sociales. Resulta más atractiva y alentadora una propuesta si propicia que los alumnos actúen con objetos, materiales y artefactos reales, si exige que los estudiantes examinen dentro de un nuevo contexto una idea, si promueve la aplicación de un proceso intelectual o la resolución de un problema actual que ha sido previamente estudiado o si propone que reescriban, repasen y perfeccionen sus esfuerzos iniciales.

Para los estudiantes una actividad es más estimulante que otra si proporciona la oportunidad de compartir con otros la planificación de un proyecto, su realización o sus resultados. Para finalizar Raths no ignora que es positivo que la actividad invite a examinar temas o cuestiones que los ciudadanos de nuestra sociedad no analizan normalmente y que, por lo general, son ignorados por los principales medios de comunicación. Esto último puede resultar de gran interés para la enseñanza de las diversas disciplinas, ya que permite poner el acento en temáticas a través de las cuales la escuela contribuye a la toma de conciencia y a instalarla la discusión en la sociedad; problemáticas que, por otra parte, permiten integrar contenidos de diversas disciplinas.

La última pregunta al momento de planificar nos remite a pensar la evaluación como parte de las acciones de enseñanza y que nos permitirá acceder a cierta información sobre los procesos realizados por los estudiantes, con el objetivo de tomar decisiones profesionales fundamentadas. Esto significa emitir juicios de valor sobre criterios que deben estar claros y explicitados de antemano.

Las múltiples perspectivas sobre la evaluación enuncian las controversias en juego al momento de decidir sobre qué se debe evaluar –que vincula la relación entre los objetivos y lo evaluado–, qué tarea realiza el evaluador –al confrontar posturas de tipo instrumental con otras que plantean que la información se transforma en datos de acuerdo con los marcos interpretativos del evaluador–, y para qué se evalúa –que permite abordar la dimensión política e ideológica de la evaluación (Celman, 2004)

Mucho se ha escrito acerca de la problemática de la evaluación, motivo por el cual no será objeto de mayor desarrollo aquí. Autores como Perrenoud (1990, 2008), Álvarez Méndez (2001), Litwin (2003), Trillo Alonso (2005) y Celman (2004) Anijovich (2009), Anijovich y Cappelletti (2017) entre otros, son recomendables para profundizar el tema. No obstante queremos destacar que, en concordancia con lo planteado hasta el momento acerca de la enseñanza es necesario que consideremos a la evaluación como parte del proceso de enseñanza a través del cual realizamos una mirada retrospectiva acerca del recorrido, con la finalidad de comprender y mejorar, si es necesario. La acreditación debería ser una consecuencia y no la única finalidad que determine las decisiones didácticas.

También es necesario comprender que no evaluamos contenidos, sino el proceso de comprensión que realizaron los estudiantes para apropiarse de los contenidos. Por ello es tan difícil, tanto tener claro los criterios como construir los instrumentos a través de los cuales reuniremos y analizaremos la información. Afortunadamente tampoco para esto hay recetas y se requiere de un profesional que pueda tomar decisiones adecuadas al contenido y al contexto.

A modo de consideración final, creemos necesario resaltar que la planificación es un instrumento que debe socializarse en el marco de las instituciones educativas, por lo cual debería surgir de ciertos acuerdos institucionales básicos en torno al sentido y fundamento de los componentes curriculares en juego. Asimismo enfatizamos que, para acompañar el proceso de aprendizaje de los estudiantes, es necesario, desde la enseñanza, crear un ciclo constante de reflexión-acción-revisión. Cada profesor toma decisiones permanentemente cuando pone en práctica su diseño y reflexiona sobre sus prácticas para reconstruir sus próximas intervenciones pedagógicas.

De todos modos, sabemos que el ámbito de decisiones que toma el profesor es limitado, porque el discurso profesional está notablemente influenciado por la cultura dominante y porque las condiciones materiales de su trabajo son bien decisivas al momento de determinar lo que hace. El profesor no decide su acción en la enseñanza en el vacío, sino en el contexto de una realidad, de condiciones laborales, de una institución con normas marcadas, de la política educativa y de las tradiciones de desarrollo curricular que en algunas oportunidades aceptamos sin discutir.

Pero sin duda, la capacidad de decisión de los profesores es un contrapeso posible frente a las prácticas escolares impuestas y contribuirá adecuadamente como accionar contrahegemónico. En definitiva, el ejercicio de la profesionalidad del docente es el efecto particular, en cada caso, de la dialéctica entre la formación personal y los condicionantes del contexto, tal como sean percibidos.

Capítulo III

La organización de la enseñanza en el aula

Sin desconocer las diversas dimensiones de la práctica docente y la multiplicidad de tareas que los contextos complejos en los que se desarrolla le imponen, centraremos nuestra atención en la organización de la enseñanza en el aula, ya que, en coincidencia con lo que venimos desarrollando, consideramos que constituye lo central de esa práctica. En esa dirección, en este capítulo trabajaremos la problemática metodológica, en íntima relación con el contenido, desde los aportes de la Didáctica general. Ya que, como ya señalamos, las buenas propuestas didácticas son aquellas que logran abordar la tensión contenido/método, es decir las que consiguen que los contenidos sean comprensibles e interesantes para los estudiantes.

En cuanto a la *problemática metodológica*, retomando publicaciones anteriores (Sanjurjo 1994, 2003, 2008), recordemos que habitualmente, cuando el docente planifica sus clases, en general no duda acerca de qué incluir cuando tiene que explicitar los contenidos, la bibliografía o la evaluación. Tampoco vacila en lo que respecta a cómo denominar esos componentes en su planificación. En cambio suele interrogarse acerca de cómo denominar y qué incluir cuando se trata de explicitar el cómo. Términos tales como método, técnicas, procedimientos, estrategias, recursos, actividades del docente y/o del alumno, metodología de trabajo, indican a veces distintos enfoques acerca de este aspecto de la tarea docente, muchas otras muestran la ausencia de discusión al respecto.

El concepto de *método* es poco frecuente en la actualidad, tanto en la bibliografía didáctica como en las propuestas curriculares. Las asociaciones que inmediatamente realizamos con el enfoque positivista han borrado casi las huellas de ese término de la agenda didáctica actual. Desde una perspectiva amplia, se entiende por método el camino a recorrer para alcanzar un objetivo, lo que permite superar un quehacer desordenado y casual. Habitualmente se lo distingue del concepto de modelo, pues éste hace referencia a una construcción racional para explicar e interpretar una realidad. En cambio, el método es la ordenación racional de recursos, técnicas, procedimientos para alcanzar una meta. El método incluye diversas técnicas y procedimientos, adecuados al objeto a tratar. La *técnica* y el *procedimiento*, en general, hacen referencia a los pasos prácticos que se emplean en la instrumentación de un método.

La principal característica del método es su universalidad; el método nunca es personal, puede ser aplicado por cualquiera. Por ello y en concordancia con lo que venimos planteando, preferimos hablar de enfoque metodológico, dando cuenta de los supuestos en los que se sientan las propuestas didácticas. Y para referirnos a éstas preferimos hacerlo a través del concepto de secuencias didácticas y de construcciones metodológicas. Si bien sería posible superar los prejuicios acumulados respecto a este polémico concepto, entendido como el modo de obrar con cierto orden y siguiendo una secuencia más o menos estable, resulta un tanto estrecho para referirnos a la organización de la tarea en el aula, cuyas características de singularidad, complejidad, simultaneidad, imprevisibilidad e inmediatez hacen necesarios altos grados de creatividad, además de un tratamiento riguroso y fundamentado.

Se plantea entonces, como problemática central, cómo resolver la articulación método-contenido si, por un lado, se trata de situaciones tan singulares e imprevisibles pero, por otro, debemos enseñar contenidos científicos que requieren de un abordaje riguroso, adecuado a las características singulares de cada disciplina y de cada contexto. Son precisamente los márgenes de imprevisibilidad de dicha tarea y la necesidad de una resolución creativa y rigurosa los que hacen necesaria una formación docente teórica sólida. La tarea de un operario que debe aplicar pasos para resolver una situación práctica es de relativa simplicidad. Las situaciones complejas, que no permiten una resolución uniforme, son las que más requieren de una actitud profesional, fundamentada, que pueda resolver cómo, cuándo y qué en cada una de las situaciones particulares.

El concepto de *estrategia* tiene su origen en el lenguaje militar, ya que hace referencia al arte de dirigir y coordinar las acciones militares. Militarmente, una estrategia implica varias tácticas articuladas entre sí, de tal manera que produce un efecto que no es la mera suma de las partes. Por extensión, entendemos por estrategia la coordinación de acciones para alcanzar un objetivo, un proceso regulable, el conjunto de reglas que aseguran una decisión óptima en cada momento, el diseño de pasos y procedimientos para lograr un propósito, conjunto de procesos y secuencias, medios predeterminados, decisiones orientadas a lograr un fin. Parece más pertinente, en consecuencia con los fundamentos que venimos planteando, referirnos a *secuencias didácticas*, entendidas como la articulación de diversas formas básicas, recursos y actividades para lograr los objetivos que perseguimos. Desde este enfoque, la estrategia es la que permite articular los diversos procesos que se van desarrollando en la clase.

El concepto de *actividad* adquiere relevancia pedagógica con las corrientes que señalan la importancia de la participación del sujeto que aprende como condición indispensable para que el aprendizaje se produzca, sea esta actividad intelectual o motriz. Llegó a tener tanta relevancia, que el movimiento de crítica a la escuela tradicional que se conoce como escuela nueva, se autodenomina también escuela activa, ya que la actividad fue uno de sus principios básicos. Así como la escuela tradicional puso exclusivo énfasis en la actividad docente, aunque reducida a la transmisión de la lección, el movimiento escolanovista destaca la importancia de las actividades del alumno. Las actividades, tanto del docente como de los estudiantes, constituyen un componente clave en la organización de la clase. Tanto cuando las seleccionamos como cuando las secuenciamos y jerarquizamos estamos tomando decisiones acerca del modo en que nos parece más efectivo para que el contenido sea comprensible e interesante para los estudiantes. Tanto las actividades del docente como las de los estudiantes van conformando el tejido de la clase, el entramado que hace posible la transposición del contenido escolar.

Al tomar decisiones acerca de lo metodológico resulta útil, también, el concepto de *forma básica de enseñar* que tomamos de Aebli (1988) para referirnos a modos habituales de pensar y comunicar que por su naturaleza constituyen la base de todo aprendizaje y de todo proceso de enseñanza, asistemático o planificado. Narrar, mostrar, leer, escribir, referir, ejemplificar, resolver una situación, son modos cotidianos de conectarnos con el mundo natural y social. La enseñanza de contenidos escolares no puede obviar estos medios de adquisición y de transmisión de conocimientos. Pero es precisamente su habitualidad la que puede obturar el análisis sistemático del uso didáctico que se hace de ellos.

El concepto de forma básica tiene en Aebli un anclaje en la importancia que el autor otorga a la acción como base del aprendizaje. Pero, enfatizando una idea ya trabajada, señalamos que no hay acción, no existe competencia, no podemos pensar en medios sin un contenido. No hay formas básicas de enseñanza y de aprendizaje vacías de contenido. Las formas básicas de enseñar no son estructuras vacías que pueden aplicarse a cualquier situación del mismo modo lineal y mecánico, sino medios naturales de construcción y transmisión del conocimiento que debemos analizar didácticamente y adecuar al contenido que queremos enseñar. Por eso no solo son posibles, sino necesarias las construcciones didácticas específicas; esta convicción justifica la necesidad de Didácticas específicas.

Como señala Aebli, no existe medio sin contenido, "el didacta no puede dejar de tomar en serio la estructura objetiva de las materias de enseñanza" (1988: 331). No hay metodología sino Didáctica, fundada no solo en el conocimiento de los procesos de aprendizaje y de enseñanza sino también en la estructura profunda del contenido a enseñar. Las actividades, las estrategias, las formas básicas de enseñar se pueden combinar de múltiples formas y ello dependerá, por un lado, de la habilidad y creatividad del docente y, por otro, de la comprensión que el propio docente tenga de la materia a enseñar. La rigurosidad de su trabajo dependerá del manejo que tenga del contenido, de la comprensión de los procesos de aprendizaje, de la comprensión del contexto y del uso creativo y riguroso de formas básicas tales como la explicación, el diálogo, el interrogatorio, la demostración, el ejemplo, la analogía, entre otras.

Si bien las secuencias didácticas no tienen una estructura fija, estable, ni para cada disciplina ni en el uso que hace el docente de las mismas, podemos encontrar ciertas regularidades según las características del contenido a enseñar y según el uso que hace el docente de ellas. Litwin se refiere a las *configuraciones didácticas* "como la manera particular que despliega el docente para favorecer los procesos de construcción del conocimiento" (1997: 13). Se trata de una construcción elaborada en la que se puede reconocer el modo en que el docente entiende su campo disciplinar, el recorte que realiza del contenido, los supuestos básicos subyacentes a su práctica, el estilo de negociación de significados que genera, las relaciones que establece entre teoría y práctica. "La configuración didáctica, tanto en lo que respecta al dominio del contenido como al estilo de la implementación de la práctica, constituye la expresión de la experticia del docente, a través de la propuesta que no constituye un modelo a ser trasladado a manera de esquema para la enseñanza de uno u otro contenido" (Litwin, 1993: 82). No obstante la imposibilidad de tomar las configuraciones como modelos a reproducir, la investigación realizada sobre la temática le permite a la autora citada reconocer persistencias y recurrencias de algunas de ellas en los diversos campos disciplinares.

Por otra parte, los aportes de nuevas teorías acerca del aprendizaje, que reconocen que no existe una sola forma de acceder al conocimiento, colocan nuevamente al docente en un lugar importante como mediador entre éste y los estudiantes. Desde este enfoque, un buen docente será aquel que tiene un manejo comprensivo del contenido a enseñar, pero que, además, puede abrir distintas puertas de entrada a un mismo concepto, teoría o procedimiento. En términos de Fenstermacher (1990), aquél que logra una buena enseñanza.

Entendemos por *buena enseñanza* aquella que pone el acento en la comprensión, que intenta superar formas de conocimiento frágil, aquélla que pone énfasis tanto en los aspectos epistemológicos como en los pedagógicos, sociales y éticos de la enseñanza. La selección de contenidos, la elección de métodos y sistemas de evaluación tienen que ver tanto con nuestras posiciones epistemológicas sobre el contenido a enseñar y sobre el aprendizaje, como con nuestras preocupaciones por hacer comprensible el contenido escolar para nuestros estudiantes, por el compromiso social de brindar la posibilidad de acceso al conocimiento actualizado y significativo. "Enseñar todo a todos", como una utopía que retoma el mandato democratizador de la escuela.

Puede resultar también esclarecedor el concepto de *arquitectura de la clase*, entendida como la secuencia de actividades que desarrolla el docente, como rutinas más o menos estables, que persiguen el aprendizaje de un contenido específico y permiten percibir el esquema didáctico asumido. La arquitectura de la clase es el andamiaje que posibilita al docente asumir –con cierto margen de estabilidad– los aspectos imprevisibles de la práctica. Algo así como la apropiación de las reglas básicas de una práctica que por su cotidianeidad llevamos a cabo con cierta soltura, lo que a veces hace perder de vista la necesidad de sus anclajes teóricos.

También el concepto de *dispositivo* permite realizar una ruptura teórica y práctica con las propuestas tecnicistas. Entendemos por dispositivos los espacios, instrumentos, mecanismos o engranajes que facilitan, favorecen o pueden ser utilizados para la concreción de un proyecto o resolución de alguna problemática. Acordamos en el sentido que lo trabajan Morin (1994), Souto (1993) y Perrenoud (2005), entendiéndolo como un artificio complejo, pensado y/o utilizado para plantear alternativas de acción. Como señala Souto, se trata de un concepto prometedor, tanto desde el punto de vista instrumental como conceptual, ya que los dispositivos son instrumentos que se crean o se aprovechan para resolver problemáticas contextuadamente, y tienen un alto grado de maleabilidad que permite adecuarlo permanentemente, lo que lo diferencia del método y la técnica. Tomamos este aporte pensando que esa maleabilidad es lo que debe caracterizar a las decisiones didácticas.

Cuando nos referimos a *recursos*, en general hacemos referencia a las apoyaturas materiales de la enseñanza (pizarrón, películas, material de laboratorio, computadora, textos, entre otros). No obstante, a veces lo encontramos utilizado genéricamente como dispositivo. Así lo utiliza Spiegel y sus aportes son esclarecedores porque destacan la función del docente en la utilización de todo recurso. Dice el autor que todo material puede constituirse en recurso didáctico, siempre y cuando haya un docente que lo utilice porque le encuentra una *ventaja diferencial*, en relación a otros posibles. Es decir que considera que el uso del mismo aportará a la comprensión de los contenidos disciplinares. Un recurso didáctico, entendido como "las distintas herramientas de trabajo que elige un docente" que aporta una "ventaja diferencial"... y "ayuda a solucionar algún problema o limitación" (Spiegel, 2006: 19). La categoría de recurso didáctico no puede universalizarse porque se construye desde la práctica. "El rótulo de recurso didáctico lo asigna –más allá de las clasificaciones formales y de las etiquetas comerciales– un docente particular para una clase específica, luego que ha evaluado críticamente y ha elegido su herramienta de trabajo entre **todos** los materiales o estrategias disponibles" (Spiegel, 2006: 19).

En síntesis, desde nuestra perspectiva las múltiples elecciones y articulaciones posibles hacen necesario que el docente conozca las que se le proponen desde las teorías, desde las editoriales y desde el currículum prescripto. Pero también que, conociendo el contenido a enseñar y el contexto en el que desarrollará su práctica, pueda construir nuevos recursos y articularlos creativamente. Lo que será parte de un importante margen de improvisación, pero también dependerá de la caja de herramientas teórico-prácticas que vaya armando durante su formación inicial y su desarrollo profesional.

Tanto la selección de técnicas, recursos o procedimientos como la construcción de secuencias didácticas se hacen siempre en función de lo que el docente crea más conveniente para promover, facilitar, concretar el aprendizaje de un contenido escolar en una situación particular. Las decisiones didácticas tienen siempre un fundamento, provenga éste del conocimiento teórico, experiencial o tenga que ver con creencias internalizadas acríticamente. Es precisamente en la tensión método/contenido en donde el docente tiene mayor margen de autonomía y, por ende, de responsabilidad y compromiso. Los modos de resolver la organización del aula dan cuenta siempre de concepciones acerca de cómo se produce el aprendizaje, de cómo concretarlo, de cómo son los estudiantes, de la confianza que se tenga en ellos, de qué se entiende por contenido escolar y qué por enseñanza.

El concepto de *secuencia didáctica* resulta potente para el desarrollo de las Didácticas específicas, ya que da cuenta del amplio espacio de autonomía que tiene el docente. Una secuencia didáctica es una serie ordenada de actividades que lleva a cabo el docente y que propone a los estudiantes, que persiguen la finalidad de hacer comprensible e interesante el contenido. Se trata de actividades articuladas entre sí y adecuadas tanto a las características del contenido a enseñar como al grupo de estudiantes. Las secuencias didácticas pueden tener diversas intencionalidades: presentar el contenido, movilizar, trabajar las ideas previas, ayudar a construir y/o consolidar el contenido, ejercitar, practicar, transferir.

Al organizar una secuencia didáctica se genera un dispositivo que sitúa a los alumnos ante una tarea que cumplir, un proyecto que realizar, un problema que resolver. En su elaboración, el docente atiende a una pertinente selección de contenidos, de actividades y de estrategias de enseñanza, adecuada a las posibilidades, intereses y necesidades de los alumnos. La secuencia permite que el docente rescate el valor cultural de los saberes previos con los que cuenta el alumno y lo combine con los nuevos contenidos a enseñar a partir de la potencia motivacional que éstos podrían despertarle. Este tipo de organización de la clase es situacional y abierta, y se define en gran parte no solo por el contenido a enseñar, sino de acuerdo a la formación del docente, su experiencia en consonancia con el desempeño de sus alumnos.

La organización de secuencias didácticas requiere no solo de un manejo profundo y riguroso del contenido y de los problemas de comprensión sino, sobre todo, tener en claro los objetivos que se persigan y las competencias que queremos desarrollen los estudiantes. Implica una cuidadosa selección y jerarquización tanto de los contenidos como de las actividades y recursos. Las secuencias didácticas deben tener coherencia entre sí, de tal manera que, si bien cada tema constituye un pequeño proyecto pedagógico, las distintas unidades que componen el programa estén relacionadas. No está demás aclarar que no se trata de una solución única y cerrada sino que el trabajo con secuencias didácticas puede constituirse en una herramienta que posibilite repensar nuestras propuestas de trabajo.

Si bien siempre planificamos con antelación, las secuencias se van definiendo, también, en función de lo que acontece, de las respuestas de los estudiantes, de las interacciones que se producen. Por ello, se hace tan necesario que el docente cuente con los recursos formativos que le permitan tomar decisiones durante el complejo proceso de la clase. En una secuencia didáctica el docente articula diversos recursos, estrategias didácticas, actividades, formas básicas de comunicación, de transmisión de los contenidos, los que va entrelazando a partir de una expertica conformada por conocimientos teóricos y saberes prácticos. Qué hacemos, para qué, cómo lo hacemos, qué efectos produce lo que hacemos en el aula, son interrogantes que, tal como señalamos más arriba, por cotidianos suelen escapar a un análisis más riguroso, reflexivo y fundamentado.

Podríamos asociar el concepto de secuencia didáctica al de "circunloquio didáctico", es decir el hábito y la habilidad de decir y volver a decir lo mismo de maneras diferentes, con el fin de asegurar mayor comprensibilidad en estudiantes que, por poseer estructuras intelectuales y socio-afectivas diferentes, harán diversas interpretaciones de lo que decimos, pero que si pretendemos transmitir contenidos culturales, sociales, científicos, requieren de cierto grado de acuerdo y de negociación. Volver a decir lo mismo de maneras diferentes, elegir buenos ejemplos y contra-ejemplos, hacer preguntas esclarecedoras, con el fin de asegurar mayor comprensibilidad en nuestros estudiantes, es una de las preocupaciones habituales y cotidianas del docente.

Nos detendremos, a continuación, en diversas *formas básicas de enseñar*, ya que en toda secuencia didáctica encontramos la presencia ineludible de varias de ellas. Tomaremos las más habituales, sin intención de agotarlas, pues las maneras creativas en que puede concretarse la transposición didáctica en el aula obturan cualquier intento de abarcarlas en su totalidad. Hemos seleccionado, siguiendo a Aebli, las que consideramos ineludibles en la enseñanza de cualquier contenido escolar. Sabemos que, en general, en el uso que hacemos de ellas en el aula, las articulamos de tal manera que resulta imposible pensarlas separadas, pues se transforman en mutuas apoyaturas a veces difíciles de diferenciar. Aquí las distinguimos haciendo un esfuerzo de abstracción, con el fin de profundizar su análisis.

Aebli destaca la *narración* como una de las formas originales de socialización, por cuanto en toda transmisión cultural, en todo proceso de inserción de las nuevas generaciones a la sociedad, está presente, aunque se utilicen otros poderosos recursos visuales, activos, expresivos. Podemos considerarla una forma original de la conformación de las sociedades, pero también de la constitución de los sujetos. La vida humana se unifica y adquiere significación narrando historias. Ha sido un recurso privilegiado para la formación ética y moral. No podría pensarse la enseñanza de la Historia sin narrativa. Inclusive las disciplinas científicas la incluyen como un modo habitual de transmisión de los conocimientos. Decimos que la comprensión significativa del contenido científico supone también el conocimiento y comprensión del contexto de producción del mismo. Ese conocimiento no sería posible sin narración.

La narración puede cumplir un rol didáctico muy importante, pues permite comunicar y hacer revivir en la imaginación, acciones, percepciones, hechos, sentimientos, que no pueden ser experimentados por quien escucha, pero que pueden ser revividos y resignificados. La narrativa en la enseñanza merece especial atención ya que es una capacidad humana fundamental. Soñamos narrando, pensamos narrando, nos comunicamos narrando, escuchamos varias narraciones a lo largo del día, vivimos a través de narrativas. Y si bien, con la irrupción de los medios audiovisuales se consideraba que la narración iba a perder peso, los medios masivos de comunicación le dieron un nuevo impulso ya que la imagen visual por sí sola puede mostrar una parte muy sesgada de lo que queremos contar. Como señala Jackson (en McEwan y Egan, 1998: 33), hasta el más rudimentario de todos los relatos, como es la fábula, está destinado a transformar. "Las narrativas de los maestros no pretenden solo informar a los estudiantes sino también transformarlos". Todo discurso didáctico pretende influir en aspectos actitudinales y/o transformar las estructuras cognitivas de los estudiantes.

Junto a la narración, la *explicación* constituye una forma básica y clásica de pensamiento y de transmisión. Desde los orígenes de la humanidad, el hombre ha tratado de explicarse los fenómenos que lo rodean y de comunicar sus pensamientos. Podemos asimilar la explicación a la capacidad de pensar, propia del ser humano, a la posibilidad de relacionar conceptos e ideas, conformando teorías que permiten representarse el mundo, comprenderlo y transformarlo. Si bien la explicación ha sido abordada desde muy antiguo desde el interés filosófico, las relaciones entre pensamiento y lenguaje, entre la capacidad de pensar y la necesidad de comunicar los pensamientos, la revisten de un especial interés para la Didáctica.

Si el conocimiento es un complejo proceso de construcción, en el cual se van estableciendo relaciones que permiten articular conceptos para conformar proposiciones y teorías, la explicación adquiere una relevancia especial como forma de comprender y de transmitir esas construcciones. La metáfora de la red, utilizada por las teorías constructivistas para explicar cómo procedemos cognitivamente cuando aprendemos, muestra la importancia que adquiere el establecimiento de relaciones en la comprensión significativa de nuevos aprendizajes. Si nuestras estructuras cognitivas funcionan como una red, no basta decorar nuestro pensamiento con contenidos estáticos, sino que es necesario relacionarlos. Si además consideramos el aporte de Ausubel, en el sentido que el contenido escolar, el conocimiento científico se reconstruye más por recepción y a partir de una buena ayuda pedagógica, no cabe dudas acerca de la importancia de la explicación, entendida como la ayuda pedagógica para el establecimiento de relaciones.

Si nos atenemos al sentido etimológico del término, ya allí podemos encontrar algún interés para la Didáctica. Pues el término explicación designa el proceso a través del cual se desenvuelve lo que estaba envuelto, se hace presente lo que estaba latente. Explicar significa desplegar algo ante la visión intelectual de otro, desarrollar lo que permanecía oculto y confuso, con el objetivo de hacerlo claro y detallado.

La explicación se vehiculiza a través de diversos soportes. Si bien podemos considerarla una forma básica, para su concreción articula otros recursos como la definición, la descripción, el ejemplo, el contraejemplo, la metáfora, la analogía. Es decir que partimos del supuesto que conviene distinguir entre las diversas formas básicas de enseñar a los fines de profundizar su análisis, pero insistimos en que en la organización de la clase habitualmente se efectivizan tan articuladamente que no es posible separarlas en la práctica.

El *diálogo* y el *interrogatorio didáctico* constituyen otras formas básicas de enseñar indispensables en toda secuencia didáctica. Entendemos por diálogo, en un sentido amplio, una conversación entre dos o más personas que alternativamente expresan sus ideas o sentimientos en busca de entendimientos mutuos. En la enseñanza ha sido un modo de transmisión privilegiada desde la antigüedad. Recordemos que los griegos basaban la enseñanza en el diálogo dirigido por el docente, alrededor de una temática específica.

Pedagógicamente, el diálogo tiene relación más con la acepción filosófica que con la literaria. El diálogo filosófico hace alusión a un modo no dogmático de pensar, a la posibilidad de abordar una problemática desde múltiples caminos, es decir que se asimila al modo de pensar dialéctico. Desde esta perspectiva el diálogo alrededor de una temática, consigo mismo o con los demás, se confunde con el proceso cognitivo y con la orientación del mismo, puede ser un método riguroso de conceptualización. A través del diálogo orientado a dilucidar una temática, llevamos a cabo rigurosos procesos de división y de generalización, de diferenciación progresiva y de síntesis integradora.

Por ello, el diálogo pedagógico no es ficticio, aunque el docente sea experto en la temática a tratar, aunque sepa las respuestas de los estudiantes y los oriente en determinada dirección. Porque a través del mismo lo que se busca no es intentar que los alumnos expresen respuestas conocidas por él, sino orientar el proceso de construcción intelectual.

El concepto de dialéctica surge articulado al de diálogo y se entiende como la posibilidad de ponerse sucesivamente en diversas posiciones contrarias, de pensar alternativamente la multiplicidad y la unidad; asociado siempre a la idea de movimiento, de pensamiento flexible, de realidad compleja. El interés pedagógico por el diálogo también se vio renovado con los aportes de Paulo Freire, quien sostiene que la relación pedagógica es esencialmente una relación dialógica. Para Freire, el diálogo es el encuentro entre los hombres mediatizados por el mundo, que les permite pronunciarlo, problematizarlo y transformarlo. El proceso de concientización se produce por un acto lógico de conocimiento que permite desvelar la realidad para comprenderla y transformarla. La educación en Freire es a la vez un acto pedagógico y un acto político y los mismos son posibles a través del diálogo.

Recuperamos el diálogo como un importante instrumento tanto para concretar procesos intelectuales complejos como para generar un clima participativo y de compromiso. En la enseñanza cumple múltiples finalidades, ya que permite encauzar el tratamiento del tema a partir de las intervenciones de los estudiantes, obtener información inmediata acerca del proceso de construcción que están llevando a cabo, para a partir de allí orientar nuestras decisiones didácticas.

En el proceso de construcción de nuevos conocimientos, el diálogo cumple diversas funciones tales como descubrimiento, exploración, cuestionamiento. Requiere de parte de los actores implicados, participación, compromiso, reciprocidad. Son necesarias, además, capacidades comunicativas como apertura, interés, autocrítica, respeto, confianza, tolerancia, paciencia, actitud de escucha, deseo, capacidad de reinterpretar lo que el otro nos quiere decir, esperanza en cuanto a la posibilidad de entender y hacernos entender. El diálogo supone la capacidad de mantener en suspenso muchos puntos de vista y a la vez el interés básico en la creación de un significado común (Burbules, 1999). Así entendido, el diálogo puede ser a la vez un buen instrumento para el desarrollo del pensamiento crítico, reflexivo, complejo, como para la negociación de significados. Ambos procesos son indispensables en la transmisión y apropiación del contenido científico, función sustantiva de la escuela. El diálogo en general supone el establecimiento de lazos sociales, el diálogo pedagógico implica, además, una relación epistemológica que une al docente y a los estudiantes en el acto común de conocer y reconocer el objeto de estudio.

La pregunta es una forma usual que suele adoptar el diálogo en general, el diálogo pedagógico en particular. En las formas más activas de la enseñanza se muestra el rol central que tiene la pregunta como medio de poner en funcionamiento la dialéctica entre pensamiento convergente y divergente. El método socrático y los diálogos de Platón giran alrededor de preguntas cuestionadoras. La escuela renovadora colocó a la pregunta motivadora y movilizante como una forma básica y central en la clase. En la didáctica tradicional, la pregunta cumplió solo el rol de indagar conocimientos adquiridos por el estudiante. El conductismo reduce la pregunta al instrumento que genera y refuerza las conductas deseadas, como respuestas a estímulos externos.

A partir de los aportes del constructivismo y siguiendo la línea de la escuela nueva, la pregunta didáctica cumple diversos roles, tales como: indagar los conocimientos previos de los estudiantes, generar conflicto, promover el establecimiento de relaciones de semejanzas y diferencias, facilitar la diferenciación progresiva y la reconciliación integradora, ayudar a conectar los nuevos conocimientos con los viejos, garantizar la aplicación significativa de los nuevos aprendizajes.

La pregunta es uno de los elementos más importantes del diálogo pedagógico pues modelan y configuran el mismo, fijan el temario real, generan conflicto, orientan el cambio conceptual. Si bien la pregunta informativa, que solo indaga lo que el estudiante sabe o no con la finalidad de calificar, puede cumplir una función antidialógica, la pregunta pedagógica con el objetivo de promover el pensamiento, es una invitación al diálogo, a la participación, al cuestionamiento y a la comprensión. Moviliza, por lo tanto, aspectos afectivos, sociales y cognitivos del sujeto que aprende. La pregunta dialógica suspende el juicio apresurado que suele inhibir la diversidad de respuestas.

Uno de los principales desafíos de la relación dialógica es que todas las preguntas se puedan realizar sin que ello sea una amenaza para la relación misma (Burbules, 1999).

Los *ejemplos, metáforas* y *analogías* constituyen también recursos indispensables para la concreción de una buena transposición didáctica. La utilización de ejemplos puede ser un necesario recurso didáctico, tanto durante el proceso de construcción y elaboración de los nuevos conocimientos, como en la aplicación de los mismos, ya que los ejemplos a cargo del estudiante pueden ser un buen indicio de comprensión, de apropiación significativa de los nuevos aprendizajes y de uso operativo del conocimiento.

Una adecuada selección de ejemplos contribuye a la concreción de la transposición didáctica, pero si esa selección es inadecuada puede generar incomprensiones, simplificaciones o errores conceptuales que se transformarán en fuertes obstáculos pedagógicos. Algunas reglas relacionadas con el uso de ejemplos o casos en la clase indican que para favorecer la comprensión y la rigurosidad en el tratamiento del contenido sería importante:

- seleccionar ejemplos positivos y negativos
- variar sistemáticamente los ejemplos
- elegir contraejemplos
- idear ejemplos hipotéticos
- considerar y evaluar nuevas hipótesis y predicciones alternativas
- solicitar ejemplos a los estudiantes
- confrontar los mismos o ayudarlos a ver las propias contradicciones
- elegir ejemplos que ilustren lo más importante
- elegir los ejemplos más frecuentes
- incluir los ejemplos que se diferencian

La utilización de ejemplos y metáforas se basa en procesos analógicos. Si bien tanto las teorías que se ocupan de la producción del conocimiento científico como del conocimiento subjetivo reconocen como procesos cognitivos habituales a la inducción y a la deducción, la analogía es otro modo común de inferencia que permite comprender una totalidad compleja y desconocida a partir de otra ya conocida. Así como la inducción va del todo a las partes, la deducción de las partes al todo, la analogía procede de un todo a otro todo de distinta naturaleza, pero en los que se encuentran semejanzas. La analogía supone un proceso de establecimiento de relaciones y de creación de nuevas construcciones, imprescindibles en la ciencia y en el aprendizaje. Nuestro pensamiento cotidiano utiliza permanentemente analogías.

El establecimiento de relaciones de semejanzas y diferencias es señalado por Aebli (1968, 1988) como uno de los procedimientos que origina la construcción del conocimiento, más aún, se identifica con el proceso mismo de construcción. La analogía facilita esa construcción, en el sentido que supone una correspondencia no idéntica entre dos configuraciones. Por el contrario, supone el reconocimiento de aspectos diferentes pero que se pueden relacionar desde algún punto de vista. Por eso decimos que es un proceso de uso habitual, indicador de la complejidad del pensamiento. Además, el pensamiento analógico da cuenta que no hay una sola forma de acceder a la comprensión de un nuevo conocimiento, que por lo tanto la entrada a la red conceptual puede hacerse por diversos caminos. Si los docentes trabajamos un nuevo contenido a través de diversos ejemplos, metáforas y analogías estaremos favoreciendo la comprensión por parte de los estudiantes.

La metáfora supone la construcción de una analogía, ya que entendemos por tal la traslación del sentido de una palabra a otro figurado, a través de una comparación. La metáfora no es un adorno retórico del lenguaje, sino un amplificador cognitivo que permite ampliar las posibilidades de construcción y apropiación de nuevos conocimientos. El uso didáctico de metáforas posibilita concretar conocimientos abstractos, ayuda al establecimiento de relaciones entre los nuevos y viejos. La metáfora puede constituirse en un puente entre el conocimiento que se quiere enseñar y experiencias ajenas al mismo. Favorece la articulación de dominios conceptuales diferentes y facilita la comprensión de uno más abstracto, en base a otro más sencillo o estructurado. Puede entenderse como un préstamo entre pensamientos, como una transacción entre conceptos, con lo cual estamos diciendo nuevamente que no solo el lenguaje es metafórico, sino que el pensamiento también lo es.

Las *apoyaturas visuales* constituyen otro recurso indispensable a la hora de hacer comprensible conceptos, teorías o procedimientos complejos. El aprovechamiento de los sentidos para mejorar el aprendizaje ha sido una preocupación muy antigua. Pero retoma un fuerte impulso en el siglo XX por el auge de los medios audiovisuales. La aparición del cine primero, la televisión luego, más recientemente la computadora, unido a la globalización que provocan los medios masivos de comunicación e internet y la fuerte presencia de dichos medios en la vida cotidiana, instalaron profundos debates acerca de sus perjuicios y beneficios.

Más allá de las posiciones encontradas al respecto, es innegable la contribución de las imágenes y sonidos en la difusión de información y en la construcción de conocimientos, como así también los problemas de receptividad y pasividad que produjeron. Pero si bien podemos en parte coincidir con que "el medio es el mensaje", en la enseñanza no es posible pensar el recurso sin articularlo a las características del contenido a enseñar y fundamentalmente sin un enfoque epistemológico y pedagógico que lo sostenga. Ese enfoque es el que determina el uso que el docente le dé y cómo articule, en este caso, los recursos tecnológicos con las formas básicas de enseñar y con las actividades. En la base de toda discusión acerca de la articulación método-contenido hallamos siempre la antinomia pasividad-interacción.

Las nuevas tecnologías de la información y la comunicación (TIC) requieren también de propuestas que permitan al sujeto que aprende interaccionar con el medio, que requieran de su actividad intelectual, que pongan en juego sus capacidades cognitivas. Además las TIC posibilitan recuperar las apoyaturas visuales clásicas en formatos interactivos y de gran impacto sensorial. Por ejemplo los objetos reales, las maquetas, las ilustraciones, los gráficos, mapas, audiovisuales. No por ello dejaremos de reconocer la importancia del uso del pizarrón, el que por su universalidad y relativa simplicidad se ha constituido en uno de los recursos sin el cual es impensable el aula. Cuando escribimos en un papel o en el pizarrón un título, conceptos claves, cuadros o esquemas estamos concretando visualmente las estructuras intelectuales que logramos construir y muchas veces los procesos a través de los cuales se construyeron. Desde esta perspectiva, el buen uso del pizarrón puede contribuir a que el docente cumpla su función mediadora entre la estructura conceptual de la disciplina y la estructura cognitiva de los estudiantes.

Otros recursos que favorecen la comprensión, sean éstos utilizados en el pizarrón o en las carpetas de los estudiantes, son los esquemas, los que tienen un valor pedagógico indiscutible y constituyen un recurso visual que, articulados con otras formas básicas, fortalecen el proceso de diferenciación progresiva y de síntesis integradora. Entendemos por esquema la representación de una figura, procedimiento o proceso que, sin entrar en detalles, indica sus relaciones y funcionamiento. Podemos considerarlo también un plan o bosquejo, un trazado que intenta representar de manera simplificada la disposición de algo. Desde una perspectiva amplia podríamos considerar esquemas didácticos a todos los recursos que utilizamos para sintetizar en estructuras simplificadas, para facilitar la comprensión de totalidades, relaciones y procesos, a través del impacto visual. Por lo tanto, incluimos en el concepto de esquemas a los croquis, cuadros sinópticos, mapas conceptuales, redes conceptuales, organigramas, diagramas de flujo.

Merece un apartado especial pensar el uso de las TIC, ya que si bien se utilizan como soporte de las formas básicas de enseñar, tienen una lógica propia que es necesario tener en cuenta. Las transformaciones de la educación con TIC se vinculan profundamente con líneas didácticas que los docentes vienen desarrollando, con transformaciones que la escuela está llevando a cabo, como el constructivismo, el socioconstructivismo, entre otras. Carlos Marcelo (2005) señala que las TIC son agnósticas a las estrategias metodológicas. Son los docentes los que les dan sentido para crear entornos de aprendizajes que favorezcan verdaderos cambios en la enseñanza.

La tentación educativa de utilizarlas del mismo modo que los recursos didácticos tradicionales es fuerte. Como plantea Dussel (2011) con las TIC ya no hay un solo eje de interacción controlado por el profesor, sino una comunicación múltiple, que exige mucha más atención y capacidad de respuesta inmediata a diversos interlocutores. En el aula, ofrecen nuevas operaciones como la posibilidad de la escritura pública, del archivo, del trabajo colaborativo, del acercamiento a forma de comunicación de los nuevos jóvenes y la formación de comunidades de aprendizaje.

Sabemos que la escuela enseña contenidos disciplinares, así como aquellas técnicas, metodologías y procedimientos fundamentales para la apropiación del conocimiento. Ofrecer a todos los estudiantes estrategias y tecnologías de trabajo intelectual es una manera de contribuir a reducir las desigualdades ligadas a la herencia cultural. Como señala Burbules (2010) uno de los roles del docente es el de generar las condiciones de posibilidad para las múltiples interacciones con el saber, se trata de fomentar las buenas fuentes, cuestionar los datos malos o malas prácticas, orientar búsquedas y selecciones.

Si bien en los últimos años se produjo un importante proceso de capacitación docente con respecto a las TIC aún existen fuertes resistencias personales e institucionales, así como impedimentos materiales que hacen complejo desarrollar propuestas pedagógicas interesantes que hagan una real diferencia con la educación tradicional.

Las posibilidades de generar nuevas formas de enseñar y aprender con TIC son múltiples, pero como un primer acercamiento, las resumimos en las siguientes:

1. **Enseñar con contenidos educativos digitales**, lo que significaría producción de materiales pedagógicos en soportes digitales: las actividades de los alumnos, los textos de los docentes, la bibliografía y las consignas de trabajo.

2. **Enseñar con entornos de publicación**, aprovechando que en los últimos años la Web sufrió una transformación importante: de usuarios que la utilizaban casi exclusivamente para buscar información a una internet en la que los usuarios publican contenidos. Este recurso posibilita que los docentes planifiquen la tarea de manera que todos los trabajos terminen con una publicación digital. Este tipo de tareas incrementa el proceso cognitivo, desarrolla competencias extra, construye una identidad intelectual y académica y optimiza la evaluación. Es interesante que el docente aliente a que los jóvenes realicen productos audiovisuales: filmaciones, videos, presentaciones con fotos, podcasts con contenido curricular, institucional o extracurricular.

3. **Enseñar con redes sociales**, entendiendo que éstas son un conjunto de nodos interconectados, al igual que un aula 1 a 1. Es una estructura abierta y multidireccional, con posibilidades de expandirse y sumar nuevos nodos. Si bien los jóvenes utilizan habitualmente las redes en contextos de ocio y recreación, es importante que desde la escuela se utilicen con intercambios referidos a contenidos educativos: un problema que hay que resolver, una discusión para tomar una decisión y llevar adelante un proyecto. Las redes agrupan a los alumnos de nuevos modos diferentes.

4. **Enseñar con materiales multimedia**, que son recursos ampliamente disponibles y fáciles de utilizar en entornos digitales y en internet: videos –películas, programas de televisión–, simulaciones, clips, galerías fotográficas pueden utilizarse como fuentes de saber en todas las disciplinas de la enseñanza. Pueden usarse en forma constante, no planificada, sostenida e intermitente y en todo tipo de secuencias didácticas.

5. **Enseñar con proyectos** planteando una organización diferente de los contenidos escolares. El proyecto integra

necesariamente diversas disciplinas, desarrolla capacidades de diferente tipo y nivel, competencias de expresión oral y escrita y habilidades para el trabajo colaborativo, además de entrenar para la solución de problemas.

6. **Enseñar con trabajos colaborativos** como actividad sostenida por un grupo de personas que realizan tareas diferentes con un objetivo común y que depende de la acción de todos ellos. Cada uno es responsable por todo el grupo y el objetivo no se logra de manera individual sino a partir de la interacción grupal. Esta forma de trabajo es habitual en internet y en grupos equipados con computadoras como el denominado modelo 1 a1.

7. **Enseñar para la gestión de información** lo cual exige diferentes habilidades que se ponen en juego para transformar la información en conocimiento. Gestionar la información es una competencia en entornos de aprendizaje abiertos, en contextos de incremento y dinamismo de la información.

El manejo pedagógico de las TIC permite potenciar las capacidades de expresión y comprensión, a través de la investigación, la reflexión y la producción de distintos lenguajes y códigos, así como contribuye al desarrollo de habilidades y destrezas sociales mediante el trabajo en grupos, potenciando su dimensión social y cooperativa. La propuesta de trabajar con apoyaturas visuales se ve notablemente enriquecida con el uso de las TIC. Generar líneas cronológicas utilizando **Cronos**, mapas conceptuales en **Cmap Tools**, producir o visualizar videos en **you tube** y utilizar redes sociales como **Twitter, Facebook** o redes sociales educativas como son **Edmodo, redalumnos y Gnoss Educa** puede favorecer la comprensión de los conceptos. Una novedad interesante es el **Classroom**, servicio web gratuito que pueden utilizar las instituciones y los docentes que tenga una cuenta personal de Google y permite a alumnos y profesores comunicarse fácilmente, crear clases, distribuir tareas y comunicarse.

Una construcción metodológica que permita desarrollar estrategias de aprendizaje autónomo y cooperativo tales como la planificación, la búsqueda, selección y organización de la información, combinando de forma armónica el trabajo individual con el trabajo en grupo, seguramente no es posibilidad exclusiva del aprendizaje mediado por las TIC, pero debemos reconocer que las mismas bien aprovechadas podrían contribuir notablemente a ello.

Como ya reiteramos, no hay una única forma de resolver la organización de la clase, ya que es posible ingresar a la estructura de un tema desde diversas entradas, pues los estudiantes pueden tejer múltiples articulaciones. Destacamos, por ende, la importancia de enriquecer los recursos para concretar una buena transposición didáctica. Pero si bien la complejidad de la clase requiere un alto grado de creatividad, es posible construir secuencias didácticas pensadas y reflexionadas que permitan a la vez respetar la diversidad, singularidad e imprevisibilidad del aula, a la vez la rigurosidad del contenido y las estructuras cognitivas de los estudiantes.

Un elemento que dificulta la innovación metodológica es la rutina. Por lo que Díaz Barriga (2005) insiste en la necesidad de promover *formas apasionadas de aprender*. Entusiasmar al alumno, hacer grata la situación de clase, estimular la curiosidad, generar oportunidades, promover entornos de aprendizaje personales y sociales son parte de lo que consideraríamos *buena enseñanza*.

Para finalizar es importante destacar el rol del docente en la conformación de una propuesta de enseñanza, la que deberá atender, también, a su personalidad y posibilidades. Se trata de revisar las formas metodológicas con las que se sienta más seguro y con las que ideológicamente coincida. En su propuesta de enseñanza, el docente se proyecta en su totalidad; lo importante es que sea coherente en esa proyección de sí mismo.

Cuando un profesor trabaja con un contenido de su disciplina, toma decisiones sobre el mismo y le otorga un determinado énfasis o estilo a su enseñanza. Aunque está, sin duda, condicionado por influencias externas, también refleja su propia cultura, su postura personal, su posicionamiento epistemológico y didáctico y su pensamiento político. No necesitamos docentes operarios que puedan aplicar fórmulas elaboradas universalmente. Necesitamos profesionales de la enseñanza que a partir de un sólido conocimiento del contenido a enseñar, de un saber pedagógico y del conocimiento del contexto en el que debe desarrollar su práctica, pueda construir el conocimiento didáctico de su disciplina, es decir resolver rigurosa y creativamente las situaciones de enseñanza. En esta publicación pretendemos hacer un aporte al respecto, tanto desde la Didáctica general como de las específicas.

Referencias bibliográficas

Aebli, H. (1968) *Una Didáctica basada en la Psicología de Jean Piaget*. Buenos Aires, Kapelusz.

——— (1988) *Doce formas básicas de enseñar*. Madrid, Narcea.

Álvarez Méndez, J.M. (2001) *Evaluar para conocer, examinar para excluir*. Madrid, Morata.

Altet, M. (2005) *Las competencias del maestro profesional o la importancia de saber analizar las prácticas.* En Paquay, L. y otros. *La formación profesional del maestro*. Estrategias y competencias. Méjico, Fondo de Cultura Económica.

Anijovich, R. y González, C. (2009) *Evaluar para aprender. Conceptos e instrumentos*. Buenos Aires, Aique.

Anijovich, R. y Mora, S (2010) *Estrategias de enseñanza. Otra mirada al quehacer del aula*. Buenos Aires, Aique.

Anijovich, R. y Cappelletti, G. (2017). *La evaluación como oportunidad*. Buenos Aires, Paidos.

Ausubel, D.; Novak, J. y Hanesian, H. (2000) *Psicología educativa*. Madrid, Trillas.

Bachelard, G. (1975) *La formación del espíritu científico*. Buenos Aires, Siglo XXI.

Barco, S. (1973) *Antididáctica o nueva didáctica*. Buenos Aires, Rev. Ciencias de la Educación N° 10.

Bloom, B. (1971) *Taxonomía de los objetivos educacionales*. Buenos Aires, El Ateneo.

Bobbitt, F. (1918) *The curriculum*. Illinois, The University of Illinois Library.

Bolívar, A. (1993) *Conocimiento de contenido pedagógico y Didáctica Específica* - En Actas del Congreso "Las didácticas específicas en la Formación del Profesorado". Santiago de Compostela, Tórculo ediciones.

——— (2005) *Conocimiento didáctico del contenido pedagógico y Didáctica Específica*. En Revista de currículum y formación del profesorado, 9, 2.Extraído de: http://www.ugr.es/~recfpro/rev92ART6.pdf en fecha 16/01/14.

Bombini, G. (2006) *Prácticas docentes y escritura: hipótesis y experiencias en torno a una relación productiva. El guión conjetural*. Buenos Aires, Publicación UBA-UNLP-UNSAM.

Bourdieu, P., Passeron, J. C. (1981) *La reproducción: elementos para una teoría del sistema de enseñanza*. Barcelona, Laia.

Bruner, J. (1980) *Investigaciones sobre el desarrollo cognitivo*. Madrid, Pablo del Río Editor.

Burbules, N. (1999) *El diálogo en la enseñanza. Teoría y práctica*. Buenos Aires, Amorrortu.

Burbules, N. (2010) Entrevista portal educ.ar. Extraído de http://youtu.be/VYfYmX5k6Gc en fecha 17/01/14

Camillioni, A.; Davini, M. C.; Edelstein, G.; Litwin, E.; Souto, M.; Barco, S. (1990) *Corrientes didácticas contemporáneas*. Buenos Aires, Paidós.

Camilloni; Celman; Litwin; Palou De Maté (2003) *La evaluación de los aprendizajes en el debate didáctico contemporáneo*. Buenos Aires, Paidós,

Chevallard, J. (1997) *La transposición didáctica. Del conocimiento erudito al conocimiento enseñado*. Buenos Aires, Aique.

Coll, C. (1987) *Psicología y Currículum*. Barcelona, Paidós.

Díaz Barriga, A. (1980) "Un enfoque metodológico para la elaboración de programas escolares" en Revista Perfiles Educativos, N° 10: 3-2.

——— (1988) *Didáctica y curriculum: convergencias en los programas de estudio*. México, Ediciones Nuevomar.

Díaz Barriga, A. (2005) *El docente y los programas escolares. Lo institucional y lo didáctico.* México, Pomares.

Dussel, I. (2011) *VII Foro Latinoamericano de Educación: aprender y enseñar en la cultura digital*, Buenos Aires, Santillana. Extraído de: http://www.fundacionsantillana.com/upload/ficheros/noticias/201106/documentobsicoforo2011_1.pdf en fecha 17/01/14.

Edelstein, G. (1996) "Un capítulo pendiente: el método en el debate didáctico contemporáneo", en Camilloni, A. y otros, *Corrientes didácticas Contemporáneas.* Buenos Aires, Paidós.

Eisner, E.W. (1985) "Los objetivos educativos: ¿Ayuda o estorbo?" en Gimeno Sacristán, J. y Pérez Gómez, A. *La enseñanza: su teoría y su práctica.* Madrid, Akal.

Elliot, J. (1990) *La investigación-acción en el aula.* Madrid, Morata.

Entel, A. (1985) *Escuela y conocimiento.* Buenos Aires, Flacso.

Entwistle, N. (1988) *La comprensión del aprendizaje en el aula.* Barcelona, Paidós.

Escudero Muñoz, J. M. (1993) *La construcción problemática de los contenidos de la Formación Docente.* En Actas del Congreso "Las didácticas específicas en la Formación del Profesorado". Santiago de Compostela, Tórculo ediciones.

Feldman, D. y Palamidessi, M. (2001) *Programación de la enseñanza en la universidad: problemas y enfoques.* Buenos Aires, Universidad Nacional de General Sarmiento.

Fenstermacher, G. (1990) "Tres aspectos de la filosofía de la investigación sobre la enseñanza". En Wittrock, M. *La investigación en la enseñanza* I. España, Paidós.

Fernández Pérez, M. (1993) *Generalidad didáctica y residuos temáticos de indeterminación-* En Actas del Congreso "Las didácticas específicas en la Formación del Profesorado". Santiago de Compostela, Tórculo ediciones.

——— (1993) *Generalidad didáctica y residuos temáticos de indeterminación.* En Actas del Congreso "Las didácticas específicas en la Formación del Profesorado". Santiago de Compostela, Tórculo ediciones.

Ferreiro, E. (1990) *Proceso de alfabetización: la alfabetización en proceso.* Buenos Aires, Centro Editor de América Latina.

Freire, P. (1974) *Concientización.* Buenos Aires, Ediciones Búsqueda.

Furlan, A. (1979) *Aportaciones a la didáctica de la educación superior.* México, ENEP "Iztacala", UNAM.

Gagné, R. y Briggs, L (1977) *La planificación de la enseñanza.* México, Trillas.

Gimeno Sacristán, J. y Pérez Gómez, A. I. (1995) *Comprender y transformar la enseñanza.* Madrid. Morata.

——— (1983) *La enseñanza: su teoría y su práctica.* Barcelona, Akal.

Gimeno Sacristán, J. (1982) *La pedagogía por objetivos. La obsesión por la eficiencia.* Madrid, Morata.

——— (1988) *El curriculum: una reflexión sobre la práctica.* Madrid, Morata.

Grossman, P.L., Wilson, S.M. y Shulman, L.S. (1989) Teachers of substance: Subject matter knowledge for teaching", en M.C. REYNOLDS (ed.), *Knowledge base for beginning teacher.* Oxford, Pergamon Press, 23-36. Edic. cast.: Profesores de sustancia: El conocimiento de la materia para la enseñanza. Profesorado. Revista de Currículum y Formación del Profesorado, 9 (2), 2005.

Hessen, J. (1965) *Teoría del conocimiento.* Buenos Aires, Losada.

Jackson, P. (1992) *Enseñanzas implícitas.* Buenos Aires, Amorrortu.

——— (1998) *La vida en las aulas.* Madrid. Morata.

Lipman, M (1998) *Pensamiento complejo y educación.* Madrid, Ediciones de la Torre.

Litwin, E. (1997) *Las configuraciones didácticas.* Buenos Aires, Paidós.

Marcelo, C. (1993) *Cómo conocen los profesores la materia que enseñan. Algunas contribuciones de la investigación sobre Conocimiento Didáctico del Contenido.* En Actas del Congreso "Las didácticas específicas en la Formación del Profesorado". Santiago de Compostela, Tórculo ediciones.

Mata, F.; Rodríguez Diéguez, J. L.; Bolívar, A. (2004) *Diccionario Enciclopédico de Didáctica*. Málaga, El Aljibe.

Mc Ewan, H. y Egan, H. (1998) *La narrativa en la enseñanza, el aprendizaje y la investigación*. Buenos Aires, Amorrortu.

Menin, O. (2003) *Departamento/Área*- Paper Didáctico- Rosario, Facultad de Psicología, UNR.

Moreno, M. (1987) *La Pedagogía operatoria: un enfoque constructivista de la educación*. Barcelona, Laia.

Morin, E. (1994) *Epistemología de la complejidad*. En PRIGOGINE y otros. *Nuevos paradigmas, cultura y subjetividad*. Buenos Aires, Paidós.

Nickerson, Perkins y Smith (1989) *Enseñar a pensar*. Barcelona, Paidós.

Perkins, y otros (1997) *Enseñar para la comprensión. Introducción a la teoría y su práctica*. Universidad de Harvard.

Perrenoud, P. (1990) *La construcción del éxito y el fracaso escolar*. Madrid, Morata.

——— (2008) *La evaluación de los alumnos. De la producción de la excelencia a la regulación de los aprendizajes. Entre dos lógicas*. Buenos Aires, Colihue.

Piaget, J. (1969) *Psicología y Pedagogía*. Buenos Aires, Ariel.

——— (1977) *Seis estudios de psicología*. Barcelona, Seix Barral.

Sagol, C. (2012) "Material de lectura: Líneas de trabajo con modelos 1a1 en el aula I", El modelo 1 a 1, *Especialización docente de nivel superior en educación y TIC*. Buenos Aires, Ministerio de Educación de la Nación.

Sánchez Iniesta, T. (1994) *La construcción del Aprendizaje en el aula*. Buenos Aires, Editorial Magisterio del Río de la Plata.

Salinas, D. (1994) *"La planificación de la enseñanza: ¿técnica, sentido común o saber profesional?"* en Angulo, J. F. y Blanco, N, (coord.) "Teoría y desarrollo del currículum". Málaga, Aljibe.

Sanjurjo, L. (2002) *La formación práctica de los docentes. Reflexión y acción en el aula*. Rosario, Homo Sapiens.

Sanjurjo, L. Vera, M. T. (1994) *El aprendizaje significativo y la enseñanza en el Nivel Medio y Superior.* Rosario, Homo Sapiens.

Sanjurjo, L. y Rodríguez, X. (2003) *Volver a pensar la clase. Las formas básicas de enseñar.* Rosario, Homo Sapiens.

Schön, D. (1992) *La formación de profesionales reflexivos. Hacia un nuevo diseño de la enseñanza y el aprendizaje en las profesiones.* Barcelona, Paidós.

——— (1993) *Teaching and Learning as a reflective Conversation.* En Actas del Congreso "Las didácticas específicas en la Formación del Profesorado". Santiago de Compostela, Tórculo ediciones.

Shulman, L. (1990) *Paradigmas y programas de investigación en el estudio de la enseñanza: Una perspectiva contemporánea.* En Wittrock, M. *La investigación sobre la enseñanza.* Tomo I. Madrid, Paidós.

——— (1993) *Renewing the Pedagogy of Teacher Educaction: The Impact of Subject-Specific Conception of Teaching.* En Actas del Congreso "Las didácticas específicas en la Formación del Profesorado". Santiago de Compostela, Tórculo ediciones.

Souto, M. (1993) *Hacia una didáctica de lo grupal.* Buenos Aires, Miño y Dávila.

Spiegel, A. (2006) *Planificando clases interesantes.* Buenos Aires, Novedades Educativas.

Stenhouse, L. (1984) *Investigación y desarrollo del currículum.* Madrid, Morata.

Stone Wiske, M. (compiladora) (1999) *La enseñanza para la comprensión.* Buenos Aires, Paidós.

Taba, H. (1976) *Elaboración del currículo.* Buenos Aires, Troquel.

Trillo Alonso, F.; Sanjurjo, L. (2008) *Didáctica para profesores de a pie.* Rosario, Homo Sapiens.

Torres Santomé, J. (1991) *El curriculum oculto.* Madrid, Morata

Tyler, R. (1970) *Principios básicos del currículo.* Buenos Aires, Troquel. (Citado en todo el texto por el año de su publicación en inglés: 1949).

Vygotsky, L. (1973) *Pensamiento y lenguaje.* Buenos Aires, La Pléyade.

——— (1988) *El desarrollo de los procesos psicológicos superiores.* Barcelona, Grijalbo.

Segunda parte

La enseñanza de la Matemática en la Escuela Media: fundamentos y desafíos

Mucho se ha escrito en términos teóricos sobre la Didáctica de la Matemática o Educación Matemática (o Matemática Educativa). Consideramos que, en la actualidad, resta materializar muchas de esas ideas teóricas en propuestas relativamente viables para la escuela y concretar el gran desafío de ponerlas en práctica por parte de docentes innovadores y reflexivos.

En esta parte del libro intentaremos aportar en este sentido, ya que consideramos que se trata de una arteria vital en el desarrollo de la Didáctica de la Matemática a la vez que una oportunidad de renovación paulatina de las prácticas docentes.

Para ello comenzaremos con un breve encuadre epistemológico-didáctico de la Matemática y de la Matemática escolar seguido de una sintética presentación de la evolución de la Didáctica de la Matemática, mencionando algunas corrientes teóricas y líneas de investigación destacadas.

Continuaremos con reflexiones propias respecto a las características que reúnen las buenas prácticas docentes en Matemática en la Escuela Media, basadas tanto en conocimientos adquiridos como en la experiencia recogida en nuestras trayectorias docentes, de investigación y de extensión.

Finalmente plasmaremos estas ideas en cuatro propuestas didácticas destinadas a enseñar o evaluar algunos temas de Matemática en la Escuela Media. Desde luego, ellas son apenas una muestra de cómo podrían plantearse algunas situaciones de trabajo áulico, dada la imposibilidad de abarcar la totalidad de temas. Pueden utilizarse tal cual están planteadas o adaptándolas a las condiciones concretas de cada aula, es el docente quien decide en función de sus concepciones, conocimientos y experiencia si le resultan de interés y cómo emplearlas.

Esperamos que este material sea de utilidad para los profesores en Matemática, en formación y en ejercicio. También a los formadores de formadores, y por qué no a los investigadores en Didáctica de la Matemática. Cada uno queda invitado a resignificar, desde su ámbito de incumbencia, las ideas que aquí intentan comunicarse.

Capítulo I

Didáctica de la Matemática - Comunidades vinculadas

La Matemática como ciencia y en la escuela

Esta ciencia forma parte del acervo cultural de la humanidad, habiendo desempeñado un rol importante en su desarrollo y progreso. Gran parte de su cuerpo teórico surge de prácticas ligadas a la resolución de problemas de la vida cotidiana, con fines utilitarios, aunque también hay desarrollos que se generaron por curiosidad científica e incluso estética, como es el caso de muchos resultados geométricos alcanzados por la cultura griega hace alrededor de 4000 años.

Es en este sentido que entendemos a la Matemática como un producto cultural, dado que sus avances están permeados por las concepciones de la sociedad en la que emergen, modificando, a su vez, aquello que los científicos matemáticos aportan en cada momento como posible y relevante. También, cabe entenderla como un producto social, debido a que las respuestas que plantean unos dan lugar a nuevos problemas que visualizan otros y las demostraciones que se producen se validan según las reglas consensuadas en cada momento por los integrantes de la comunidad científica.

La Matemática es una disciplina pero también puede ser considerada un área de conocimiento, ya que comprende ramas muy diversas tales como Álgebra, Geometría, Análisis

Matemático, Topología, Matemática Discreta, Probabilidad, Estadística.

Numerosas situaciones de la vida cotidiana requieren poner en juego capacidades operatorias con cantidades (descuentos, intereses, valores netos a pagar, stocks, dosificación de medicinas, etc.), la elaboración o interpretación de figuras geométricas (diseños de muebles, planos de obras en construcción, estudios médicos por imágenes, mapas carreteros, bocetos de piezas de motores, redes eléctricas o cloacales, etc.), el uso de sistemas de medición (de longitudes, áreas, volúmenes, tiempo, peso, etc.), el análisis de grandes conjuntos de datos (estadísticas institucionales o geopolíticas, etc.).

En cada una de esas situaciones se halla presente algún contenido conceptual y/o alguna habilidad operativa inicialmente brindados por la Matemática escolar en alguna de sus ramas: Números y Operaciones, Álgebra, Funciones, Geometría, Medidas, Probabilidad, Estadística.

Por otra parte, la vertiginosa transformación actual de la civilización determina la necesidad de que la escuela proporcione a los jóvenes la capacidad de desarrollar procesos verdaderamente eficaces de pensamiento, que no se vuelvan obsoletos con rapidez.

La enseñanza de la Matemática se halla implementada en todos los países y en la mayoría de los años de escolaridad obligatoria, en el nuestro en todos. Esto responde al consenso respecto a que, además de la componente utilitaria anteriormente mencionada, su enseñanza brinda una interesante oportunidad de promover el desarrollo intelectual de los alumnos.

Una forma propicia de procurarlo es desarrollar una variada gama de temas a lo largo de la escolaridad, logrando que el alumno adquiera habilidades tanto en lo numérico como en lo geométrico, que pueda pensar problemas deterministas y también del campo de lo aleatorio, que use las herramientas algebraicas y las funciones como instrumentos útiles de operatoria y razonamiento.

Otra cuestión, esta vez metodológica, que favorece el desarrollo intelectual de los alumnos es plantear situaciones problemáticas que estimulen su curiosidad y los motiven a la generación de estrategias y heurísticas propias, las que pueden enriquecerse a partir del aporte del docente de elementos teóricos así como de preguntas y orientaciones que contribuyan a plasmar un proceso de metacognición, base segura de un efectivo aprendizaje.

Muchos autores coinciden en caracterizar la Matemática en la escuela como una actividad de modelización, que consiste en recortar una cierta problemática, identificar un conjunto de variables, producir relaciones pertinentes entre las variables y transformar esas relaciones utilizando algún sistema teórico-matemático, siempre controlando a la hora de su implementación que todas esas instancias sean acordes a los destinatarios. Para ello se requiere de docentes que tengan en cuenta las posibilidades de los alumnos y cómo favorecerlas desde la enseñanza.

Al indagar sobre el conocimiento matemático en la escuela, acordamos con Sadovsky (2005: 13) en que hay que instituir y construir un sentido: "Brindar a los jóvenes la experiencia de asumir el desafío intelectual, de atrapar lo que en un principio parecía escaparse, de entender después de no haber entendido, contribuye a que construyan una imagen valorizada de sí mismos, lo cual le otorga un sentido fundamental a su permanencia en la escuela porque restituye el deseo de aprender. Desafiar a un alumno supone proponerle situaciones que él visualice como complejas pero al mismo tiempo posibles, que le generen una cierta tensión, que lo animen a atreverse, que lo inviten a pensar, a explorar, a poner en juego conocimientos que tiene y probar si son o no útiles para la tarea que tiene entre manos, que lo lleven a conectarse con sus compañeros, a plantear preguntas que le permitan avanzar".

El sentido está dado fundamentalmente por la posibilidad de ayudar a los estudiantes a construir conocimiento y ejercer dignamente el poder que el mismo otorga, fortaleciendo a la vez su confianza en sus propias potencialidades.

Breve síntesis de la evolución de la Didáctica de la Matemática

Es la disciplina científica y el campo de investigación cuyo fin consiste en identificar, comprender y caracterizar los fenómenos propios de los procesos de enseñanza y de aprendizaje de la Matemática y desarrollar programas de mejoras de los mismos. La Didáctica de la Matemática se constituye integrando aportes de diferentes ciencias: Epistemología, Pedagogía, Didáctica, Matemática, Psicología, Lingüística, Sociología, etc.

Suele haber acuerdo en reconocer a la década de 1960 como la etapa difusa de su nacimiento. Hasta ese entonces predominaban algunas hipótesis no siempre fundadas entre los estudiosos de la Didáctica y el principio pedagógico "es suficiente saber Matemática para saber enseñarla" entre la mayoría de los docentes.

Desde finales de la década de 1970 se plantea como una ciencia autónoma, que fue evolucionando de un momento inicial en el que era teoría dirigida a ocuparse de la actividad de enseñanza (diseñando y evaluando estrategias implementadas en ambientes ideales, artificiales) a otra desarrollada como investigación empírica, que puede ser considerada como una epistemología del aprendizaje de la Matemática. Actualmente propone alternativas de mejoras para superar dificultades en la enseñanza y el aprendizaje de Matemática que no habían sido contempladas anteriormente por la pedagogía o la psicología cognitiva.

Aparece con este nombre en Europa, principalmente en Francia y España, donde se ha constituido un corpus considerable de conceptos teóricos propios, desarrollándose luego en varios países. Trabajos similares surgidos del mundo anglosajón son agrupados bajo el nombre de Educación Matemática, aunque algunos sostienen que este es un sistema más amplio, complejo o heterogéneo, que incluye teoría, desarrollo y práctica de otros aspectos además de lo concerniente a la enseñanza y aprendizaje de Matemática. Una categoría disciplinar semejante, denominada Matemática Educativa, viene creciendo en Latinoamérica, principalmente promovida por un centro de investigación de México.

Sin embargo, las diferentes denominaciones no implican incompatibilidad de criterios: hay investigadores que, considerándose miembros de alguna de las comunidades aludidas, interactúan permanentemente con las restantes, comparando enfoques, detectando complementariedades y procurando integrar o englobar visiones.

A continuación haremos de manera sucinta una reseña de algunas corrientes que han contribuido al armado del cuerpo teórico de la Didáctica de la Matemática.

• En la década de 1970 las preguntas acerca de la naturaleza cognitiva de los conceptos fueron direccionándose en un sentido que puede reconocerse en declaraciones de Dummett en 1975, quien señalaba que una *teoría del significado* de los objetos matemáticos es una teoría de la comprensión, esto es, de lo que se conoce cuando se reconocen los significados de las expresiones y del discurso del lenguaje (Dummett, 1991).

• Alrededor de 1972 Brousseau examinaba los procesos de matematización escolar en la escuela primaria pública francesa, a partir de lo cual comenzó a formular preguntas que dotaron de un nuevo sentido a la investigación: "¿Cuáles son los componentes del significado deducibles del comportamiento matemático que se observa en el alumno? ¿Cuáles son las condiciones que llevan a la reproducción de un comportamiento manteniendo el mismo significado?" (D'Amore, 2005: 3). Como consecuencia de esa actividad en la década de 1980 Brousseau desarrolla la *Teoría de las Situaciones Didácticas* (TSD), como una forma de modelizar la enseñanza de la Matemática, y estudia las condiciones que favorecen la apropiación de los conocimientos matemáticos, bajo la hipótesis de que los mismos no son de construcción espontánea (Brousseau, 2007).

Este modelo le atribuye un rol fundamental a la *situación*, entendiéndola como un proceso en el que el docente intencionalmente proporciona el medio didáctico donde el alumno construye y produce su conocimiento. También plantea el análisis entre dos tipos de intercambios básicos: sujeto-medio y alumno-docente. El primer intercambio se produce en *situaciones adidácticas*, esto es, cuando el alumno se enfrenta a un problema independientemente del docente y trata de resolverlo, mientras que el segundo se da en el marco del *contrato didáctico*, concebido como el conjunto de reglas que organiza las relaciones entre alumno, docente y saber en la clase de Matemática.

Hay condiciones de las situaciones didácticas que pueden variarse a voluntad y criterio del docente y constituyen una *variable didáctica* cuando, según los valores que toman, modifican la situación en sí. Por ello el análisis de la situación, tanto a priori como a posteriori de la implementación áulica, más allá de la experiencia en el aula, es un elemento de gran importancia en la investigación en Didáctica de la Matemática y en la formación de profesores en Matemática.

En el marco de la TSD se considera propicio que el profesor que está enseñando no efectúe solo la comunicación del conocimiento sino la *devolución* de un problema: el docente le otorga ("devuelve") la responsabilidad al alumno de hacerse cargo del problema que se le propone. Se da cabida, así, a una situación adidáctica, en la que los alumnos deben encontrar por sí mismos relaciones entre sus elecciones y los resultados que obtienen.

Se plantea en el modelo una tipología de situaciones didácticas, cada una de las cuales debería desembocar en una nueva situación adidáctica. Tales situaciones son: de acción (intercambio de información no codificada o sin lenguaje, mediante acciones y decisiones); de formulación (intercambio mediante mensajes donde se utiliza un código lingüístico); de validación (intercambio mediante la forma de juicios acerca del conocimiento en cuestión).

A su vez, en la enseñanza de la Matemática, la *institucionalización* del saber representa una instancia vertebral en el cierre de una situación didáctica: el docente organiza acciones que oficializan el objeto matemático en estudio a la vez que valora el aprendizaje de los alumnos. Es en este sentido que la TSD plantea que la devolución y la institucionalización son dos roles fundamentales del profesor en Matemática. La primera pone al alumno en situación adidáctica y la segunda le da lectura y status a las actividades de los alumnos deviniendo en el saber organizado.

• Kutschera (1979) agrupa las teorías del significado en dos categorías: *realistas* y *pragmáticas*.

En las primeras se parte de la idea de que las entidades en estudio, concretas o ideales, existen de por sí y, en consecuencia, el uso que se hace de los signos que las identifican queda determinado por su significado, que es anterior a las palabras, asociado a un concepto "real". Se advierte la correspondencia de las teorías realistas con la visión platónica de los objetos matemáticos, que supone su existencia en algún dominio ideal del que van siendo descubiertos por el hombre.

Las teorías pragmáticas, en cambio, tienen como base filosófica común la idea de que es el uso que se hace de los conceptos y proposiciones el que determina sus significados, y por ende, pueden variar según los grupos de personas que los manipulan y el momento en que lo hacen.

• Sierpinska (1990) acentuó la necesidad de estudiar la *comprensión de conceptos*, entendida como adquisición de significados, centrándose en los procesos de aprendizaje, que involucran secuencias de actos de superación de obstáculos así como la generalización y síntesis de elementos particulares de la estructura del concepto.

• De acuerdo con Vergnaud (1990, 1997) el conocimiento matemático está organizado en campos conceptuales cuyo dominio ocurre a lo largo de un vasto período de tiempo, a través de experiencia, madurez y aprendizaje. Desarrolla lo que conoce como *Teoría de los Campos Conceptuales*, de raíz cognitivista, que ofrece un marco para el aprendizaje y resulta de interés para la didáctica. Esta teoría no es específica de la Matemática, aunque ha sido elaborada primeramente para dar cuenta de procesos de conceptualización progresiva de las estructuras aditivas y multiplicativas, de las relaciones número-espacio y del álgebra.

Para esta teoría la psicología cognitiva es esencial, ya que una buena puesta en escena didáctica se apoya en el conocimiento de la dificultad relativa de las tareas, de los obstáculos habituales, del repertorio de procedimientos disponibles y de las representaciones posibles.

El desarrollo matemático a nivel cognitivo reconoce dos ingredientes esenciales: teorema-en-acción (proposición considerada como verdadera sobre lo real) y concepto-en-acción (categoría de pensamiento tenida como pertinente). Ambos en un principio están implícitos y deben pasar por un proceso de explicitación para tornarse verdaderos, siendo fundamental el papel mediador del docente en el desarrollo de dicho proceso.

Al estudiar Matemática en el nivel superior, incluyendo la formación de profesores, un concepto suele ser presentado mediante una definición sintética, pero precisa, que delimita claramente su alcance. En el ámbito escolar la presentación de un concepto no puede reducirse a su definición y a veces ni siquiera puede darse una que resulte a la vez comprensible y precisa, es a través de la experimentación de situaciones variadas como adquiere sentido.

Un concepto matemático está formado por situaciones que constituyen sus referentes, invariantes operatorios que le dan significado y representaciones simbólicas que componen su significante. En este sentido un concepto se considera una tripleta de tres conjuntos:
- El referente: situaciones que dan sentido al concepto.
- El significado: invariantes sobre los cuales reposa la operacionalidad de los esquemas.
- El significante: formas lingüísticas y no lingüísticas que permiten representar coloquial, simbólica o gráficamente al concepto, sus propiedades, las situaciones y los procedimientos a él vinculados.

Para estudiar el desarrollo y el funcionamiento de un concepto se deben necesariamente considerar estos tres planos a la vez, ya que no hay en general biyección entre significantes y significados ni entre invariantes y situaciones. No se puede por tanto reducir el significado ni a los significantes ni a las situaciones.

El simbolismo matemático no es, rigurosamente hablando, ni una condición necesaria ni una condición suficiente para la conceptualización, pero contribuye a lograrla, en especial porque facilita la transformación de las categorías de pensamiento matemático en objetos matemáticos.

• La noción de *objeto matemático* fue introducida por Chevallard (1991) en los siguientes términos: "Es un emergente de un sistema de praxis, donde se manipulan objetos materiales que se descomponen en diferentes registros semióticos: registro oral, de las palabras o de las expresiones pronunciadas; registro gestual; dominio de las inscripciones, es decir aquello que se escribe o se dibuja (gráficas, fórmulas, cálculos,...), se puede decir, registro de la escritura" (p. s.n.).

Así Chevallard corrió el énfasis de la mirada desde el significado de un objeto a la relación que establece el sujeto con el mismo (rapport á l'objet), sentando las bases de una *Teoría Antropológica del Conocimiento*, dentro de la que puede situarse la *Didáctica* (TAD). En ella un objeto existe en tanto sea reconocido por una persona o institución que establece una relación con él. Este nuevo enfoque ha sido considerado como un "viraje antropológico" al interior de los marcos teóricos en que se sitúa la Didáctica de la Matemática, anteriormente más apoyada en el campo de la psicología cognitiva.

• A este nuevo enfoque antropológico se sumaron posteriormente aportes de otros autores. Godino y Batanero (1994) adhieren a supuestos ontológicos del constructivismo social y, en tal sentido, consideran concordante adoptar una visión pragmática de significado. Intentaron clarificar y volver operativas las nociones de Chevallard creando instrumentos conceptuales adecuados, dando origen a una *teoría sistémica del significado de los objetos matemáticos* que, según plantean, "pretende articular diferentes aproximaciones cognitivas y epistemológicas mediante la construcción de un vínculo ontosemántico que podría ser compartido por las mismas" (Godino y Batanero, 1994: 352). En ella los autores dan mayor peso a la esfera de lo mental, para intentar un equilibrio entre los contextos institucional y personal que en el trabajo de Chevallard aparecían desbalanceados, con mayor peso del primero sobre el segundo.

Ese aporte constituyó el inicio de la elaboración de la teoría actualmente denominada *Enfoque Ontosemiótico del Conocimiento y la Instrucción Matemática* (EOS), que continúa desarrollando y perfeccionando Godino[1], junto a un creciente equipo de colaboradores, y de la que aquellas primeras nociones son hoy elementos constitutivos.

El eje, alrededor del cual se van organizando los distintos componentes de la EOS, está constituido por la necesidad de estudiar con amplitud y profundidad las relaciones dialécticas entre las situaciones-problemas y el pensamiento (ideas) y lenguaje matemático (sistemas de signos), articulando diferentes puntos de vista y nociones teóricas sobre el conocimiento matemático, la enseñanza y el aprendizaje. Se plantea como un marco integrativo que engloba diferentes subteorías o áreas temáticas: Dimensión Normativa, Teoría de las Funciones Semióticas (TFS), Configuraciones Didácticas, Criterios de Idoneidad Didáctica y la Teoría de los Significados Sistémicos (TSS). Cada una de ellas enfatiza en su tratamiento algún aspecto de los numerosos a considerar en la Didáctica de la Matemática, resultando por lo tanto más vinculada con alguna otra teoría respecto a la cual los autores establecen análisis de concordancias y complementariedades.

Por ejemplo, en el terreno de la Dimensión Normativa aparecen conceptos que tienen rasgos en común con el de contrato didáctico de Brousseau, al que en cierta medida amplían; puede consultarse en Godino, Font, Wilhelmi y Castro (2009).

También hay conexiones conceptuales entre la TSD y la TFS, ya que en ambas se desarrollan herramientas que contribuyen

---

[1]. En su sitio personal www.ugr.es/~jgodino/ se actualiza periódicamente información sobre sus actividades y producciones.

al análisis de las interacciones entre las funciones de un profesor y sus alumnos en ocasión del tratamiento de un contenido matemático específico, aunque con diferencias en los modos en que operan. Respecto de la TFS puede consultarse Godino y Font (2007).

En la Teoría de las Configuraciones Didácticas se introducen nuevas nociones teóricas para analizar procesos de instrucción matemática, apoyándose en la modelización de la enseñanza y aprendizaje de un contenido matemático como un proceso estocástico multidimensional compuesto de seis subprocesos (epistémico, docente, discente, mediacional, cognitivo y emocional), con sus respectivas trayectorias y estados potenciales. Como unidad primaria de análisis didáctico se propone la configuración didáctica, constituida por las interacciones entre los distintos componentes de una trayectoria didáctica a propósito de una tarea matemática y usando recursos materiales específicos. Pueden ampliarse estos conceptos en Godino, Contreras y Font (2006) y en Godino, Batanero y Font (2008).

La noción de Idoneidad Didáctica representa el criterio sistémico de pertinencia o adecuación de un proceso de instrucción al proyecto educativo, implicando el análisis de la interacción entre estos dos entes. Es una herramienta de análisis didáctico que comprende seis facetas, o dimensiones (epistémica, cognitiva, mediacional, interaccional, emocional y ecológica). Se encuentra desarrollada en Godino, Bencomo, Font y Wilhelmi (2006, 2007).

Para ampliar respecto de concordancias y complementariedades de la Teoría EOS con otras teorías didácticas del campo de la Didáctica de la Matemática pueden consultarse Godino, Font, Contreras y Wilhelmi (2006) y también Font, Godino y D'Amore (2007).

• A lo largo del tiempo también han ido emergiendo corrientes didácticas de la Matemática en respuesta a ciertas tendencias. Un ejemplo de ello es la denominada *Educación Matemática Realista*, cuyo fundador fue el Dr. Hans

Freudenthal (1905-1990). Esta corriente fue impulsada en Holanda desde fines de 1960 como reacción al movimiento de la Matemática Moderna y al enfoque mecanicista de la enseñanza de la Matemática.

Sus ideas centrales giran en torno a (Bressan, 2005):
- Concebir a la Matemática como una actividad humana que sirve para organizar el mundo que nos rodea. A esta actividad se la denomina *matematización*.
- Comprender que el aprendizaje de la Matemática pasa por distintos niveles, a través de un proceso didáctico denominado *reinvención guiada*. En este proceso los contextos y modelos tienen un papel relevante.
- Lograr la reinvención guiada requiere de la búsqueda de situaciones de la realidad (existente o imaginada) que generen la necesidad de ser organizadas matemáticamente. Aquí la historia de la Matemática así como las producciones espontáneas de los estudiantes están entre las principales fuentes.

También se vale de seis principios:
- *De actividad*. La Matemática se piensa como un hacer, se aprende haciendo; los alumnos construyen modelos a partir de modos inicialmente informales de trabajar.
- *De realidad*. La matematización implica mantener a la Matemática conectada al mundo real o existente así como a lo realizable, imaginable o razonable para los estudiantes.
- *De niveles*. El proceso de aprendizaje de la Matemática conlleva distintos niveles de comprensión: situacional, referencial, general y formal. Para pasar de nivel se requiere la capacidad de reflexionar acerca de las actividades realizadas, valiéndose de los modelos generados.
- *De reinvención guiada*. Los docentes proporcionan ambientes de aprendizaje procurando hacer surgir procesos de

construcción y previendo anticipar los desempeños de los alumnos, para favorecer la comprensión estudiantil.
- *De interrelación*. La Matemática escolar se trabaja a través de situaciones en las que es posible utilizar una gran variedad de contenidos para abordarlas.
- *De interacción*. El aprendizaje de la Matemática es una actividad social, en particular cuando los estudiantes dan a conocer sus estrategias e inventos y toman ideas de sus compañeros para mejorar sus estrategias.

Treffers (1987) propuso dos formas de matematización: *horizontal* (las herramientas matemáticas se utilizan para organizar y resolver un problema de la vida diaria: "ir del mundo de la vida al mundo de los símbolos" en palabras de Freudenthal) y *vertical* (todo tipo de re-organizaciones y operaciones hechas por los estudiantes dentro del sistema matemático: "moverse dentro del mundo de los símbolos"). Ambos "mundos" (el de la vida y el de los símbolos) tienen igual valor y tienen lugar en todos los niveles de la actividad matemática.

Esta teoría se basa en un *principio de niveles* por los que pasan los estudiantes en sus diferentes niveles de comprensión: idear soluciones informales conectadas con el contexto; alcanzar cierto nivel de esquematización; discernir los principios generales que están atrás de un problema; ser capaces de ver todo el panorama.

Son de suma importancia los modelos para promover la comprensión; los estudiantes aprenden Matemática desarrollando y aplicando conceptos y herramientas matemáticas en situaciones que tengan sentido para ellos (van den Heuvel-Panhuizen, 2009). El término "realista" se refiere a la intención de ofrecer a los estudiantes situaciones que ellos puedan imaginar, más que a la realidad o autenticidad de los problemas. Se basa en que la Matemática, como cualquier otro cuerpo de conocimientos, es producto de la inventiva humana y de actividades sociales. Para resultar idóneos los modelos deben estar arraigados en contextos realistas imaginables, deben ajustarse a las estrategias informales de los estudiantes, deben ser suficientemente flexibles para aplicarlos en un nivel más avanzado o más general y deben ser fácilmente adaptables a situaciones nuevas.

El Instituto Freudenthal (http://www.uu.nl/en/research/freudenthal-institute) se dedica a la Educación en Ciencias y en Matemática y está radicado en la Facultad de Ciencias de la Universidad de Utrecht, en Holanda.

En nuestro país existe el Grupo Patagónico de Didáctica de la Matemática que estudia, investiga y difunde este enfoque a través de cursos, publicaciones, experiencias y materiales para el aula (http://www.gpdmatematica.org.ar/).

• En el ámbito de la formación de profesores Shulman (1986, 1987) reclamaba que el énfasis de la realización por separado de investigaciones vinculadas con el conocimiento disciplinar de los profesores y con la didáctica había propulsado su tratamiento como campos mutuamente excluyentes y que la consecuencia práctica de tal exclusión fue la producción de programas de formación docente en los que predominaba un foco en la disciplina o en la didáctica. Para hacer frente a esta dicotomía, propone considerar la relación necesaria entre ambos mediante la introducción de la noción de *conocimiento didáctico del contenido*.

Un análisis de *Teacher Educator's handbook: Building a knowledge base for the preparation of teachers* (Murray, 1996) muestra a Shulman como el cuarto autor más citado de cerca de 1500 autores en los índices con una marcada mayoría de estas referencias al conocimiento didáctico del contenido. Miles de artículos, capítulos de libros y reportes de investigación usan o afirman estudiar esta noción, en una amplia variedad de disciplinas, profesiones y niveles educativos: Ciencias Naturales, Matemática, Ciencias Sociales, Lengua, Educación Física, Comunicación, Religión, Química, Ingeniería, Música, Educación Especial, Educación Superior, entre otros. Tales estudios no muestran signos de abatimiento. Raramente una idea trasciende tan ampliamente.

En esa línea, puntualmente en la formación de profesores en Matemática, el grupo Michigan liderado por Ball ha investigado cómo los docentes adquieren conocimiento matemático y cómo lo aplican cuando enseñan Matemática, lo que han denominado *conocimiento matemático para la enseñanza* (MKT, por sus siglas en inglés).

Según Ball, Thames y Phelps (2008) la mayoría de la gente estaría de acuerdo en que un entendimiento del contenido disciplinar específico es importante para la enseñanza de la Matemática, pero resulta un tanto impreciso en qué consiste ese conocimiento. Ball y Bass (2003) plantean la necesidad de conceptualizar el conocimiento matemático para la enseñanza a partir de la observación del trabajo de los profesores en el aula de Matemática. El mismo involucra una clase de conocimiento profesional de la Matemática diferente del requerido por otras ocupaciones que hacen uso de la misma tales como Ingeniería, Física, Ciencias Económicas, Arquitectura, Bellas Artes, Carpintería (Ball, Hill y Bass, 2005).

Por enseñanza, Ball et al. (2008) entienden todo lo que los docentes hacen para sostener el aprendizaje de sus alumnos. Abarca el trabajo interactivo en los salones de clase y todas las tareas que surgen en el curso de tal trabajo. También comprende planificar tales clases, evaluar el trabajo de alumnos, escribir y graduar evaluaciones, explicar el trabajo de clase a los padres, producir y gestionar la tarea, atender a la equidad y tratar con el superior (director de escuela, jefe de departamento), quien tiene fuertes visiones sobre el currículum de Matemática. Estas involucran conocimiento de ideas matemáticas, habilidades de razonamiento matemático, fluidez con ejemplos y términos, y pensamiento sobre la naturaleza de la Matemática (Kilpatrick, Swafford y Findell, 2001).

El punto de análisis no es lo que los docentes necesitan enseñar a sus alumnos sino qué es lo que los docentes deben conocer para ser capaces de sostener tal enseñanza. De este modo Ball et al. (2008) desarrollan un enfoque empírico para entender el conocimiento matemático requerido para la enseñanza. Identifican seis subdominios dentro de dos grandes dominios de conocimientos puestos en juego: conocimiento de la disciplina y conocimiento didáctico del contenido (Fig. 1).

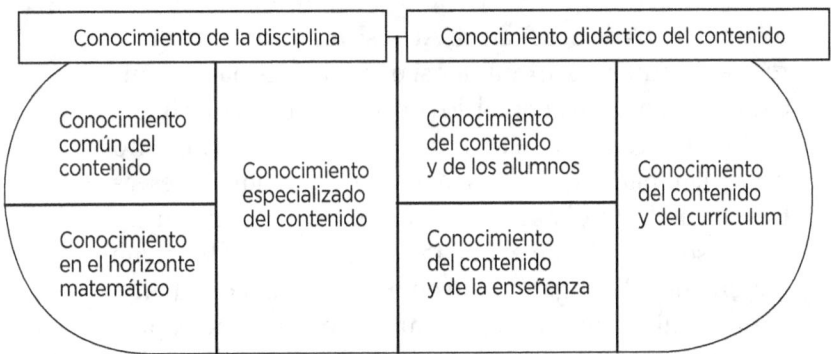

Figura 1. *Subdominios de conocimiento matemático para la enseñanza, según Ball*

Una breve referencia a cada uno de los seis subdominios presentados en la Fig. 1:

- *Conocimiento común del contenido*: conocimiento matemático que se posee en común con otras personas que saben y usan Matemática, no solo en la enseñanza. Algunos ejemplos son: hallar un número entre 1,1 y 1,11; comparar un prisma y un cilindro; explicar por qué un cuadrado es un rectángulo, que 0/7 es 0 y que las diagonales de un paralelogramo no necesariamente son perpendiculares.
- *Conocimiento en el horizonte matemático*: conciencia sobre la manera en que los contenidos matemáticos se relacionan a través y más allá del currículum. Por ejemplo, si un alumno propone que "como hay infinitos polígonos regulares, hay infinitos poliedros regulares", el docente puede buscar maneras de generar dudas al respecto, o aportará criterios para ayudarlo a explorar la validez de esa afirmación, abordando el asunto o dejando la puerta abierta para más adelante. Involucra tener criterio sobre la trascendencia matemática de los contenidos en tratamiento más allá de cierto año escolar.
- *Conocimiento especializado del contenido*: conocimiento matemático no típicamente requerido para propósitos

distintos a los de enseñanza. Al buscar patrones en errores de alumnos o al examinar si una propuesta no estándar funcionaría en general, los docentes tienen que hacer un tipo de trabajo que involucra un desmenuzamiento de la Matemática que no es requerido –ni siquiera deseable– en ámbitos distintos al de enseñanza. Los docentes deben ser capaces de explicitar cómo se usa el lenguaje matemático distinguiéndolo en ocasiones del cotidiano; cómo elegir, construir y utilizar con efectividad representaciones matemáticas; cómo explicar y justificar sus ideas matemáticas.

- *Conocimiento del contenido y de los alumnos*: combina conocimiento sobre aspectos inherentes a los alumnos como aprendices de la Matemática. Incluye el conocimiento de los errores y dificultades comunes, así como de las concepciones erróneas. Le compete al docente ser capaz de valorar la comprensión del alumno y saber cómo evoluciona su razonamiento matemático. También, anticipar qué pueden probablemente pensar o encontrar confuso sobre determinada explicación; predecir qué ejemplo les interesará o motivará; escuchar e interpretar los pensamientos emergentes e incompletos.
- *Conocimiento del contenido y de la enseñanza*: amalgama entre un concepto o procedimiento matemático y los principios didácticos específicos para su enseñanza. Comprende las formas de abordar el desarrollo de la disciplina Matemática para hacer accesible su contenido a otros, las orientaciones para organizar la gestión de la clase, decidir los recursos didácticos, organizar los instrumentos adecuados para evaluar contenidos específicos. Abarca la toma de decisiones de enseñanza sobre cuáles contribuciones aportadas por los alumnos conviene trabajar para proseguir la enseñanza de acuerdo a lo planificado y proyectado para la clase o un conjunto de clases, cuáles ignorar por el momento y/o dejar para más adelante.

- *Conocimiento del contenido y del currículum*: involucra un entendimiento de los programas curriculares e instruccionales disponibles para la enseñanza de una disciplina en varios niveles educativos. Le compete al profesor estar al tanto de lo normado jurisdiccionalmente e institucionalmente así como de sus posibilidades de decisión y acción como docente. Comprende dos dimensiones que son importantes para la enseñanza: el conocimiento lateral del currículum (relación con lo que los alumnos están aprendiendo en otras materias) y el conocimiento vertical del currículum (familiaridad con los contenidos matemáticos previos y posteriores).

Algunas cuestiones sobre las cuales se continúa trabajando en Didáctica de la Matemática relacionadas con el conocimiento didáctico del contenido se refieren a:
- la influencia en su desarrollo de las creencias, afectos y valores del profesor;
- la vinculación de sus componentes con los paradigmas de enseñanza/aprendizaje asumidos;
- la mejora de los métodos para evaluarlo y nociones relacionadas;
- la elaboración de nociones más globales tales como orientación, perspectiva e identidad del profesor (Philipp, 2007).

En nuestra región

La anterior reseña, no exhaustiva, trata sobre importantes contribuciones al campo de la Didáctica de la Matemática como cuerpo teórico general.

También hubo, desde la década de 1990, una creciente cantidad de investigadores que trabajaron sobre aspectos puntuales de la enseñanza o el aprendizaje de la Matemática, en general o en temas específicos, en los que la Didáctica de la Matemática se aplica como herramienta de interpretación y análisis de los fenómenos educativos así como de orientación para la elaboración de propuestas de acción. Dada nuestra realidad mencionaremos algunos integrantes destacados de ese colectivo, particularmente de América Latina y Centroamérica.

• La *Socioepistemología* es una corriente surgida en México dentro de las actividades del equipo dirigido por Ricardo Cantoral en el marco de la Matemática Educativa (Filloy, 2006). La palabra Socioepistemología se compone de tres elementos:
  • *socio*: del latín social o sociedad;
  • *episteme*: conocimiento o saber;
  • *logos*: razonamiento o discurso.

Desde los mismos estudia la construcción social del conocimiento, también conocida como epistemología de las prácticas o filosofía de las experiencias, planteando el estudio del conocimiento, social, histórica y culturalmente situado. Aplicarla a la Matemática exige que se analicen las relaciones entre esta ciencia formal y la vida en sociedad.

Está particularmente interesada en el papel que la Matemática juega en los contextos sociales y culturales del aprendiz, a partir de lo cual deberían explorarse formas alternativas de educación y reconocerse, en consecuencia, la necesidad de una adecuada teorización (Cantoral, Montiel y Reyes, 2015). Consideran al caso de Latinoamérica como sintomático, pues diversos grupos que participan en la producción de conocimiento situado han logrado considerables programas de investigación en el campo.

Esta teoría se basa en cuatro principios fundamentales:
  • las prácticas sociales son los cimientos de la construcción del conocimiento (*principio de normatividad de las prácticas sociales*);
  • el contexto determinará el tipo de racionalidad con la cual un individuo o grupo –como miembro de una cultura– construye conocimiento en tanto lo signifique y ponga en uso (*principio de racionalidad contextualizada*);

- una vez que se consolida como un saber, su validez será relativa al individuo o al grupo, ya que de ellos emergió su construcción y sus respectivas argumentaciones, lo cual dota a ese saber de un *relativismo epistemológico* (*principio*);
- a causa de la propia evolución de la vida del individuo o grupo y su interacción con los diversos contextos, se resignificarán esos saberes enriqueciéndolos de nuevos sentidos o miradas (*principio de resignificación progresiva*).

Para la Socioepistemología, la Matemática Escolar se rige por un sistema de razón, al cual se denomina *discurso matemático escolar*. Encuentra al rediseño de este discurso como el mayor reto del cambio educativo. Se preguntan cómo organizar el conocimiento escolar con base en la realidad de quien aprende sin abandonar al contenido de la Matemática, cómo esta organización puede ser parte de la profesionalización docente y qué papel juega la vida cotidiana en estos procesos.

Postula que para atender a la complejidad de la naturaleza del saber matemático y su funcionamiento a nivel cognitivo, didáctico, epistemológico y social, se debe problematizar el saber situándolo en el entorno de la vida del aprendiz (Cantoral y Farfán, 2003). Esto exige el rediseño del discurso matemático escolar, situándolo con base en prácticas sociales.

Por entorno del aprendiz se entiende su cultura, sus conocimientos, sus saberes, su historia, su presente y la propia historia que permitió la emergencia de los saberes matemáticos. Para esta corriente de la Educación Matemática, los conceptos matemáticos se acompañan de prácticas.

En México se encuentra el Centro de Investigación y de Estudios Avanzados del Instituto Politécnico Nacional, en cuyo Departamento de Matemática trabajan los pensadores mexicanos aquí referenciados.

- Al Profesor brasilero Ubiratan D'Ambrosio se le atribuye otra corriente, denominada *Etnomatemática*, concebida como una manera de hacer Educación Matemática con ojos que miran distintos ambientes culturales. Se basa en la observación de prácticas de grupos naturales diferenciados e intenta ver qué hacen con la Matemática esos grupos. Entre sus objetivos se resalta llevar las prácticas de las diversas comunidades a la escuela y a la investigación, integrando la Matemática a otras formas de conocimiento, para una enseñanza mejor.

D'Ambrosio (2005) reconoce tres raíces en la etimología de la palabra Etnomatemática:
- *etno*: diversos ambientes social, cultural, natural;
- *mathema*: explicar, entender, enseñar, manejarse;
- *tecni*: artes, técnicas, maneras.

Para Peña, Tamayo y Parra (2015) la Etnomatemática permite comprender otras formas de ser, conocer y relacionarse con el mundo, desde donde es posible problematizar lo que entendemos por conocimiento matemático. La Etnomatemática asume que puede haber tantas formas de conocer como formas de situarse en el mundo.

En síntesis, estudia cómo se producen los conocimientos en las prácticas propias de las comunidades y grupos que responden a diversas formas de vida y que se desarrollan a partir de la necesidad de sobrevivir y trascender, tanto en el tiempo como en el espacio.

Algunos tipos de trabajo en Educación Matemática que se han realizado mediante este enfoque son (citados por Peña et al., 2015):
- Meira y Fantinato (2015) realizan un estudio sobre los diálogos posibles entre los saberes construidos por jóvenes y adultos en un contexto de prisión y en las aulas de Matemática.
- Higuita (2014) estudia la medida en la práctica de construcción del "purradé", una vivienda tradicional en la comunidad Embera Chamí, respetando las formas tradicionales de conceptualización de ese pueblo indígena.

- Aroca (2012) reporta cómo los pescadores de una zona del Pacífico colombiano consideran aspectos tales como la profundidad, la altura y la distancia para medir y orientarse espacialmente en el mar.
- Fuentes (2012) analiza estrategias geométricas utilizadas por un grupo de artesanos colombianos del municipio de Guacamayas en Boyacá.
- Chaparro (2009) estudia prácticas matemáticas en niños en condición de desplazamiento forzado.
- Silva (2008) analiza las formas en que los educadores matemáticos trabajan la herencia cultural negra de los estudiantes en las aulas de Matemática.
- Suárez (2007) indaga sobre las prácticas de localización espacial en un grupo de estudiantes ciegos.
- Shockey (2002) efectúa un estudio de prácticas de cirujanos cardiovasculares.

Cabe mencionar que el padre fundador de la Etnomatemática, Ubiratan D'Ambrosio, ha sido honrado por la *International Commission on Mathematical Instruction* de la prestigiosa medalla Félix Klein en el año 2008.

Para más información consultar en la Red Latinoamericana de Etnomatemática (RELAET, http://www.etnomatematica.org/) o en *International Study Group on Ethnomathematics* (ISGEm, http://isgem.rpi.edu/).

- La *Educación Matemática Crítica* surge en Dinamarca y es adoptada por investigadores latinoamericanos, tales como la colombiana Paola Valero y docentes de Venezuela que integran el Grupo de Investigación y Difusión en Educación Matemática (GIDEM - http://gidemvenezuela.wix.com/gidem) (Mora, 2005).

Pone en el centro de sus preocupaciones a las dimensiones moral y política de la Educación Matemática así como los cuestionamientos de justicia social y de equidad (Skovsmose y Valero, 2008).

Para esta corriente el gran reto de la Educación, y de la Educación Matemática en particular, es ofrecer posibilidades para ejercer una ciudadanía que pueda comprender y criticar el funcionamiento de una sociedad altamente tecnologizada (Skovsmose, 1999). Se fomenta trazar una relación entre progreso, liberalización, industrialización y desarrollo tecnológico (que incluye una actualización amplia de la Educación Matemática) vista desde una perspectiva crítica.

Se convoca hacia la toma de conciencia de las posibilidades de la tecnología y la Matemática para crear tanto realidades sociales "positivas" como estructuras de riesgo altamente negativas. Consecuentemente, se llama a cuestionar la función de la Matemática en nuestras sociedades y de la Educación Matemática en la creación y reproducción de tales estructuras.

Se considera a la Matemática un lenguaje poderoso que permite producir nuevas invenciones de la realidad, de este modo ofrece nuevas percepciones de la misma y también la coloniza y reorganiza, esto es, da forma a nuestra sociedad. La Matemática desempeña una función central en la sociedad actual, dada su asociación con la tecnología de la información, con las transformaciones de abstracciones mentales en abstracciones materializadas y con el poder simbólico del modelaje matemático.

A la crítica se la concibe como una actividad de pensamiento y de reacción ante una situación de crisis. En este sentido una Educación Matemática Crítica debe facilitar el desarrollo de una alfabetización matemática que permita a los ciudadanos ejercer una competencia democrática.

Los procesos de enseñanza y de aprendizaje de la Matemática desde una perspectiva crítica ofrecen posibilidades para desarrollar una competencia de *crítica y de acción colectiva* caracterizada por:

- deliberación (proceso comunicativo de analizar anticipadamente);
- coflexión (proceso de conocer sobre las acciones de manera reflexiva);
- transformación (con la intención de mejorar condiciones sociales y materiales).

Se reconoce a la tríada *disposición - intención - acción* como un marco para relacionar al aprendizaje con la acción. Dicho en otras palabras, un proceso de Educación Crítica no se realiza si las personas involucradas en él no tienen la intención de actuar.

Se trabaja con proyectos que permiten revelar el poder formativo de la Matemática en la sociedad a través de la realización de una *arqueología matemática*. Tanto los profesores como los estudiantes deben ser capaces de excavar dentro de una situación tecnológica determinada para hacer explícita y visible la Matemática escondida detrás de ella. El profesor formula "preguntas retadoras" que provocan cuestionamientos para la reflexión y procura introducir una "situación ejemplar", en la que el estudio de un fenómeno particular puede llevar a explorar un fenómeno global. Finalmente, los participantes de la reflexión toman distancia con respecto a la acción de aprendizaje y pueden construir metareflexiones que posibilitan el compromiso de los estudiantes con todo el proceso.

Comunidad de educadores matemáticos

La Didáctica de la Matemática cuenta a nivel mundial con una comunidad (investigadores, formadores de docentes, profesores) muy activa, en producción científica, divulgación y socialización de experiencias.

En particular, existen asociaciones nacionales e internacionales de profesionales e instituciones que se encargan de estas cuestiones. A continuación nombramos algunas de nuestro país.

La Unión Matemática Argentina (UMA, http://www.unionmatematica.org.ar/) es una asociación civil de carácter científico que nuclea a los matemáticos argentinos. Su fundación fue en el año 1936 y su inscripción como persona jurídica, en 1978. Forma parte de la *International Mathematical Union*, de la Unión Matemática de América Latina y el Caribe y del *Mathematical Council of the Americas*. La Didáctica de la Matemática está presente en actividades organizadas por la UMA tales como la Reunión de Educación Matemática (REM), que anualmente se desarrolla en distintas universidades nacionales del país (en diciembre 2017 se llevará a cabo la edición número 40 en la ciudad de Buenos Aires), y en la Revista de Educación Matemática, que es una publicación anual de tres fascículos (mayo, julio y septiembre). En el año 2017 se está editando el volumen 32.

Por su parte, la Sociedad Argentina de Educación Matemática (SOAREM, http://www.soarem.org.ar/) procura nuclear a los profesores en Matemática del país. En octubre de 1998 se llevó a cabo la Asamblea Constitutiva de la Sociedad y en junio de 1999 quedó legalmente constituida. Cada un año y medio aproximadamente desarrolla un evento nacional en distintas instituciones de nivel superior que cuentan con formación docente (institutos, universidades), denominado Conferencia Argentina de Educación Matemática (CAREM), cuya edición 12 se llevó a cabo en septiembre 2016 en Buenos Aires. La Revista que esta Sociedad publica se llama Premisa y cuenta con tres números al año (mayo, agosto y noviembre). En el año 2017 se está publicando el volumen 19. En el Instituto Superior del Profesorado "Dr. Joaquín V. González" (http://institutojvgonzalez.buenosaires.edu.ar/), de Buenos Aires, se desempeñan muchos de los profesores que han estado en la conducción de esta Sociedad.

Cabe mencionar también, por su importante acción con relación a aspectos institucionales de la formación de profesores, al Consejo Universitario de Ciencias Exactas y Naturales (CUCEN, http://www.cucen.org.ar/), que fue constituido en noviembre 2003 y entre sus propósitos se encuentra coordinar, cooperar y complementarse en actividades propias del quehacer de las Unidades Académicas de las Ciencias Exactas y Naturales de las Universidades Nacionales. Entre las acciones se ha venido trabajando en cinco Comisiones (Biología, Física, Informática, Matemática y Química) para elaborar estándares para la acreditación de las carreras de Profesorados Universitarios en Ciencias Exactas y Naturales por parte de la Comisión Nacional de Evaluación y Acreditación (CONEAU).

A nivel internacional hay varias asociaciones con reconocida trayectoria. Entre ellas se encuentra el Comité Latinoamericano de Matemática Educativa (CLAME, http://www.clame.org.mx/), que se constituyó en agosto de 1996. Desde este Comité se organiza un evento anual, Reunión Latinoamericana de Matemática Educativa (RELME), con sede en distintos países latinoamericanos y a partir del cual se publica el Acta Latinoamericana de Matemática Educativa (ALME) con las producciones de la Reunión del año anterior. En julio 2017 se llevó a cabo la edición número 31 de la Reunión en Perú y se publicó el volumen 30 del Acta (de la Reunión 29, llevada a cabo en julio 2016 en México). Este Comité cuenta además con la Revista Latinoamericana de Investigación en Matemática Educativa (RELIME) que se edita en tres números por año (marzo, julio y noviembre). En el año 2017 se está publicando el volumen 20.

A nivel iberoamericano, está la Federación Iberoamericana de Sociedades de Educación Matemática (FISEM, www.fisem.org), organización constituida en julio del año 2003. Entre las actividades que promueve se encuentran el Congreso Iberoamericano de Educación Matemática, que se lleva a cabo cada cuatro años (en julio 2017 fue la octava edición en España), y la Revista Iberoamericana de Educación Matemática UNIÓN, que publica cuatro números al año (en marzo, junio, septiembre y diciembre). En el año 2017 se publicaron los números 49 a 52 de la Revista. Además es de destacar la nutrida y variada agenda de actividades e informaciones que se socializan continuamente en esa página.

También desarrolla actividades en esta línea el Comité Interamericano de Educación Matemática (CIAEM, http://www.ciaem-iacme.org), asociado a la *International Commission on Mathematical Instruction (ICMI)*, que procura convocar a las tres Américas. Desde su fundación, en 1961, ha funcionado como una organización regional asociada al ICMI. Lleva a cabo la Conferencia Interamericana de Educación Matemática, cada cuatro años, cuya edición 14 se efectuó en mayo 2015 en México y se prevé la décimo quinta en mayo 2019 en Colombia. Posee, como asociación, una estrecha relación con revistas académicas tales como Cuadernos de Investigación y Formación en Educación Matemática de Costa Rica (http://revistas.ucr.ac.cr/index.php/cifem/index) y Educación Matemática de México (http://www.revista-educacion-matematica.com/).

En Estados Unidos una asociación que es referente, incluso en otros países, es el *National Council of Teachers of Mathematics* (NCTM, www.nctm.org), fundado en 1920. Realiza diversas acciones y tiene incidencia en las políticas educativas en lo que a Educación Matemática se refiere. Cuenta con cinco revistas: *Mathematics Teacher*; *Mathematics Teacher Educator*; *Mathematics Teaching in the Middle School*; *Journal for Research in Mathematics Education*; *Teaching Children Mathematics*. Fomenta diversos eventos, entre ellos el *Annual Meeting*.

Por su parte, el *International Group for Psychology of Mathematics Education* (IGPME, http://www.igpme.org/) es un grupo de investigadores establecido en el año 1976. Desarrolla una conferencia anual en distintos lugares del mundo y publica las memorias respectivas. En julio 2017 se llevó a cabo la 41ª edición en Singapure y se prevé la número 42 en Suecia en 2018. En particular Norteamérica cuenta con su propio espacio dentro de este grupo: el *North American Chapter* (PME-NA, http://www.pmena.org/) cuya reunión anual número 39 se desarrolló en octubre 2017 en Indiana.

A nivel internacional general, se destaca la *International Commission on Mathematical Instruction* (ICMI, http://www.mathunion.org/icmi), que desde el año 1952 es una comisión de la *International Mathematical Union* (IMU, http://www.mathunion.org/), fundada esta última en 1908. Entre los eventos que organiza se encuentran el *International Congress on Mathematical Education* (ICME) que se realiza cada cuatro años y cuya 13ª edición fue en julio 2016 en Alemania (se prevé la décimo cuarta en julio 2020 en China). Un evento satélite a este es el organizado por el *International Study Group on the relations between the History and Pedagogy of Mathematics* (HPM, http://www.clab.

edc.uoc.gr/hpm/). Es importante subrayar que cuenta con una librería digital de las publicaciones que fomenta (ICMI *Digital Library Project*).

Otra organización actualmente importante es el Instituto Internacional GeoGebra (IGI), organización sin fines de lucro que comparte materiales interactivos para la enseñanza y el aprendizaje de la Matemática en todos los niveles integrando diversidad de abordajes. En los últimos años GeoGebra (http://www.geogebra.org/) se ha convertido en el software de mayor aceptación entre los profesores de Matemática, por su calidad, versatilidad, carácter abierto y gratuito, y por la existencia de una amplia comunidad de usuarios dispuestos a compartir experiencias y materiales educativos realizados con él. Particularmente es uno de los programas elegidos por el Programa Conectar Igualdad (http://www.conectarigualdad.gob.ar/) que viene incluido en las netbooks que se han distribuido en escuelas e institutos de formación docente a nivel nacional.

Presenta una interface sumamente amigable para el alumno y permite tratar contenidos de geometría, álgebra, cálculo y estadística de manera interactiva, ofreciendo resultados atractivos sin necesidad de profundos conocimientos informáticos. Para dar una idea del impacto del software basta decir que su página web tiene millones de visitas al año provenientes de centenares de países. El sitio cuenta con "recursos", donde hay casi un millón de actividades que emplean este software con diversos contenidos matemáticos, "descargas" libres del programa, para tablets, computadoras de escritorio y celulares, "comunidad" donde se informa de novedades sobre el programa, se convoca a congresos y cursos, se participa en foros.

El IGI trabaja junto con Institutos GeoGebra independientes de carácter regional. Los mismos están distribuidos en el mundo de la siguiente manera: Europa 57, Asia 45, África 6 y Australia 1. En América hay 33, de los cuales 12 están ubicados en América del Norte, 5 en América Central y 16 en Sudamérica. Aquí hay: Brasil 6, Chile 2, Colombia 1, Uruguay 1 y en nuestro país 6. Estos son:

- Instituto GeoGebra de Argentina (Centro Babbage).
- Instituto GeoGebra de CABA (Universidad de Buenos Aires).
- Instituto GeoGebra de Chaco (Universidad Nacional del Chaco Austral).
- Instituto GeoGebra de Misiones (Universidad Nacional de Misiones).
- Instituto GeoGebra del Golfo San Jorge (Universidad Nacional de la Patagonia Austral).
- Instituto GeoGebra de Tucumán (Universidad Nacional de Tucumán).

Además de los eventos convocados por las asociaciones anteriormente mencionadas hay en Argentina otras reuniones de docentes e investigadores en Didáctica de la Matemática, organizadas por Institutos de Formación Docente o Universidades. Entre los que sostienen una relativa periodicidad se encuentran:
- Jornadas de Educación Matemática y Jornadas de Investigación en Educación Matemática (JEM y JIEM, http://www.fhuc.unl.edu.ar), organizadas por la Facultad de Humanidades y Ciencias de la Universidad Nacional del Litoral, se llevan a cabo cada tres años en Santa Fe, habiendo sido su sexta y tercera edición respectivamente en agosto 2017.
- Congreso Internacional de Enseñanza de las Ciencias y la Matemática y Encuentro Nacional de Enseñanza de la Matemática (CIECyM y ENEM, http://iciecymiienem.sites.exa.unicen.edu.ar/), organizados por la Facultad de Ciencias Exactas de la Universidad Nacional del Centro de la Provincia de Buenos Aires, con su segunda y tercera edición respectivamente en septiembre 2016.
- Reunión Pampeana de Educación Matemática (REPEM, http://repem.exactas.unlpam.edu.ar/), está organizada por la Facultad de Ciencias Exactas y Naturales de la Universidad Nacional de La Pampa, se desarrolla cada

dos años y su sexta edición fue en Santa Rosa en agosto 2016.
- Escuela en Didáctica de la Matemática (EDIMAT, http://edimat.unipe.edu.ar/), está organizada entre otras instituciones por el Centro de Estudios en Didácticas Específicas de la Escuela de Humanidades de la Universidad Nacional de San Martín, se lleva a cabo cada dos años, con octava edición en Neuquén en septiembre 2017.
- Jornadas de Enseñanza, Capacitación e Investigación en Ciencias Naturales y Matemática (JECICNaMa, https://jornadasjecicnama.wordpress.com/), está organizada entre otras instituciones por el Instituto Superior de Formación Docente y Técnica N° 24 "Bernardo Houssay", se hace cada dos/tres años y su tercera edición tendrá lugar en septiembre 2018 en Bernal (provincia de Buenos Aires).
- Jornadas de Enseñanza e Investigación Educativa en el campo de las Ciencias Exactas y Naturales (JornadaCEyN, http://jornadasceyn.fahce.unlp.edu.ar/), está organizada por el Departamento de Ciencias Exactas y Naturales de la Facultad de Humanidades y Ciencias de la Educación de la Universidad Nacional de La Plata, se llevan a cabo cada tres años y su cuarta edición se desarrolló en octubre 2015 en La Plata.

Cerramos este capítulo con datos de revistas que tienen artículos en español, de acceso abierto en su mayoría y con tres o cuatro números al año, que tratan cuestiones vinculadas con Didáctica de la Matemática, además de las mencionadas precedentemente.

REVISTA	EDITA	INICIO	LINK
NÚMEROS. Revista de Didáctica de las Matemáticas	Sociedad Canaria Profesores de Matemáticas Isaac Newton	1981	http://www.sinewton.org/numeros/
ENSEÑANZA DE LAS CIENCIAS. Revista de Investigación y Experiencias Didácticas	Universitat Autònoma de Barcelona	1983	http://ensciencias.uab.es/
Épsilon	Sociedad Andaluza de Educación Matemática Thales	1984	http://thales.cica.es/epsilon/
BOLEMA. Boletim de Educação Matemática	Universidade Estadual Paulista	1985	http://www2.rc.unesp.br/bolema/?q=inicio
SUMA. Revista sobre el aprendizaje y la enseñanza de las Matemáticas	Federación Española de Sociedades de Profesores de Matemáticas	1988	http://revistasuma.es
UNO. Revista de Didáctica de las Matemáticas	Editorial Graó	1994	http://uno.grao.com/
REEC. Revista Electrónica de Enseñanza de las Ciencias	Editorial Educación	2003	http://reec.uvigo.es/
PNA. Revista de Investigación en Didáctica de la Matemática	Grupo de Investigación en Didáctica de la Matemática: Pensamiento Numérico	2006	http://www.pna.es/
Revista Latinoamericana de Etnomatemática. Perspectivas socioculturales de la educación matemática	Red Latinoamericana de Etnomatemática y Departamento de Matemáticas y Estadística de la Universidad de Nariño	2008	http://www.revista.etnomatematica.org/index.php/RLE
REDIMAT. Revista de Investigación en Didáctica de las Matemáticas	Editorial Hipatia	2012	http://hipatiapress.com/hpjournals/index.php/redimat

Esperamos que la pluralidad de información consignada sea de utilidad a la hora de buscar novedades sobre avances en el campo de la Didáctica de la Matemática y/o de intentar establecer contactos con algunos miembros de sus comunidades.

Es momento de focalizar la mirada y concentrarnos en aspectos más cercanos como son las prácticas de Matemática en nuestras Escuelas Medias. A esto nos dedicaremos en el próximo capítulo.

Capítulo II

Acerca de las prácticas educativas de Matemática en la Escuela Media

Algunas modalidades didácticas

En este capítulo plantearemos consideraciones en relación con el tema que lo titula, basadas tanto en conocimientos adquiridos como en la experiencia recogida en nuestras trayectorias docentes en los niveles secundario y superior, en actividades de formación y capacitación docente, de investigación y de extensión.

Procuraremos aportar, desde nuestra visión, algunas reflexiones respecto a ciertas características que reúnen las buenas prácticas docentes –en el sentido de Fenstermacher (1990)– en Matemática en la Escuela Media.

Las actuaciones del profesor son resultantes de la confluencia de diversos elementos que las determinan: *materiales* (las normas educativas, el currículo prescripto, los libros de texto, los recursos físicos disponibles), *personales* (su propia biografía escolar, su formación pedagógica y específica, su experiencia docente, su carácter) y *sociales* (el contexto humano en que se desarrollan). Respecto al último de estos aspectos cabe señalar que se refiere tanto a la disposición y posibilidad de los alumnos de asumir las tareas señaladas como a la influencia de los colegas docentes y directivos en relación con lo que puede o debe hacerse en un determinado ámbito escolar.

Las normas y el currículo prescripto actúan inicialmente como guías de lo que corresponde hacer. Generalmente a partir de ellos y, atendiendo al contexto escolar y propuestas de los libros de texto, el docente define niveles de profundización de los temas y planifica actividades áulicas poniendo en juego su propia formación y experiencia. La realidad final de lo que ocurre en el aula depende de ese plan de trabajo, o guión conjetural (Bombini, 2006), pero también de las interacciones que se dan a la hora de ponerlo en práctica.

Así, dependiendo del interjuego entre todas esas variables, internas y externas al profesor, las formas que pueden adoptar la enseñanza y evaluación de un mismo tema pueden ser muy variadas, algunas de ellas efectivas, otras no tanto.

Broitman (2001) señalaba que en las prácticas educativas de Matemática se recrean formas de intervención didáctica que reflejan concepciones de ciertos referentes teóricos como son los *platónicos*, los *logicistas* y los *constructivistas*. Describiremos brevemente características generales de cada una de ese tipo de prácticas.

Para los *referentes platónicos* los objetos matemáticos tienen una existencia propia, diferente de la realidad física, independiente del espacio, del tiempo y del hombre que los piensa; esto es, existen verdades matemáticas. En este marco, enseñar es dar a conocer la verdad. El conocimiento se expone y se demuestra con la lógica del saber mismo, encadenando proposiciones verdaderas de manera que cuando el docente culmina el desarrollo el estudiante no puede más que reconocer al saber como algo evidente. Para aprender el alumno debe estar atento, escuchar, observar, seguir, imitar, repetir, aplicar. El error humano es considerado como un signo de imperfección del alumno, interpretándose que "no presta atención" o "no encuentra placer en el conocimiento". En la producción del alumno se tiene en cuenta el resultado, no su desarrollo. Las actividades que se le proponen al estudiante son para aplicar lo que se le ha enseñado o para hacer síntesis relacionando los conocimientos. Supone que aquello que el alumno ha podido resolver en un ejercicio puede hacerlo en toda otra situación problemática que involucre el mismo saber.

Para los *referentes logicistas* la formación matemática en la Escuela Media consiste casi exclusivamente en familiarizar a los estudiantes con el método deductivo. El foco está puesto en la lógica y el rigor interno del saber matemático y la única vía para aceptar una propiedad es la deducción, no siempre vinculada con la intuición. La lógica de la enseñanza se asocia a la lógica del saber. Enseñar consiste en particionar el conocimiento matemático en unidades para lograr destacar la continuidad lógica que lo organiza. El modelo de aprendizaje se corresponde con el desarrollado por la psicología conductista, caracterizado por la linealidad y la acumulación. El estado en que se encuentran los saberes de un grupo de alumnos para introducirse en el aprendizaje de un nuevo conocimiento debe ser homogéneo.

Para los *referentes constructivistas* el sujeto que aprende va generando el conocimiento a partir de sucesivos intentos de resolver problemas, en lo posible enraizados dentro de los procesos históricos en los que están inscriptos. Se piensa al conocimiento matemático en relación con sus contextos de origen y de uso, y esto es tenido en cuenta en su enseñanza. Enseñar Matemática es lograr que el alumno adopte la actitud de un matemático frente a un problema y guiarlo en su proceso de búsqueda de soluciones creativas. Para que cada problema sea considerado como tal por el alumno, los saberes de los que dispone deben ser insuficientes para su resolución pero, a su vez, deberán alcanzarle para desarrollar actividades de búsqueda de información, de toma de decisiones, de establecimiento de relaciones nuevas, de exploración, de formulación de hipótesis y de verificación, para producir una respuesta. Se parte de la concepción de que todo sujeto que aprende posee saberes previos. Aprender desequilibra, consiste en redefinir, en dar nuevos límites a lo que se sabe, reordenarlo y reintroducirlo en un equilibrio más amplio. El aprendizaje depende de la manera en que el alumno organiza las informaciones que genera o recibe, cómo las interpreta, las jerarquiza, las codifica, las integra con sus saberes previos y, finalmente, las guarda en su memoria. Un error manifiesta una distancia al saber o un saber todavía diferente, pero no carencia del saber. Ni el éxito es garantía absoluta de disponibilidad del conocimiento ni el error es prueba de ausencia total del saber. El error ofrece una vía de acceso al estado del saber del estudiante, que le sirve tanto a este como al profesor para posteriores decisiones didácticas. El docente que trabaja acorde a estos referentes propone tareas con distintas funciones: de *diagnóstico*, para conocer el desenvolvimiento de los alumnos antes del aprendizaje en relación con los nuevos objetos matemáticos; de *aprendizaje*, con situaciones problemáticas que involucran el desarrollo y/o uso de los conocimientos en tratamiento; de *consolidación*, procurando el afianzamiento de lo que viene de ser construido; de *control*, al evaluar los aprendizajes para conocer el grado de dominio del tema alcanzado por los estudiantes.

Consideramos que, muchas veces, los docentes desarrollan principalmente alguna de las formas de intervención didáctica anteriormente descriptas porque reproducen modos de trabajo de quienes fueron sus profesores, jugando así la biografía escolar un papel tanto o más importante que la formación docente recibida.

En nuestro medio es habitual encontrar prácticas docentes que se encuadran, en forma parcial o total, en las modalidades platónica o constructiva.

Se reconoce a los docentes de la primera porque en sus clases "transmiten las verdades de la ciencia" esperando que sus alumnos aprendan al recibirlas y al ejercitar, en reiteradas situaciones similares, el uso de fórmulas o técnicas de trabajo, no siempre justificadas por el profesor. También se los reconoce por la evaluación que realizan del trabajo del alumno, juzgando el producto y no el procedimiento, con lo que resulta que el alumno "sabe" o "no sabe" lo pedido, perdiendo de vista el logro de etapas intermedias que revelan el nivel de avance del conocimiento alcanzado.

Difícilmente algún profesor de Escuela Media desarrolle hoy su enseñanza en base a los referentes logicistas. La currícula de Matemática señala claramente la necesidad de apelar a la observación, si fuera posible apoyada en materiales concretos, para favorecer la intuición de elementos conceptuales y la inducción de propiedades, como una parte ineludible del proceso de razonamiento propio de ese nivel etario. Esto no quita que algunas propiedades puedan ser demostradas lógicamente, y de hecho es saludable que así sea, pero no todas. Más adelante retomaremos este aspecto.

A nuestro entender, desde todo punto de vista, la modalidad constructiva es la más adecuada para las acciones educativas en el nivel secundario. En ella se encuadran las consideraciones que efectuaremos de aquí en adelante.

Enseñar y evaluar Matemática según una modalidad constructiva

La construcción del conocimiento matemático no es un proceso lineal: hay tanto continuidad como ruptura. Continuidad debido a que el conocimiento previo es determinante en el progresivo dominio de la ampliación de un campo conceptual y ruptura porque se deben abandonar o reconfigurar reglas, procedimientos y verdades que habían asegurado el éxito en anteriores circunstancias. Desde la enseñanza es preciso identificar sobre cuáles conocimientos previos se pueden apoyar las nuevas ideas y desestabilizar moderadamente al alumno, esto es, provocar y gestionar incertidumbre ante la tarea planteada, respetándose ritmos y tiempos para vivir de manera saludable esa falta de certeza inicial.

En lo que respecta a la enseñanza el esquema básico de acción del docente consiste en proponer a los estudiantes la resolución de diferentes tipos de situaciones problemáticas a través de las cuales irán construyendo nuevos conocimientos. Así un problema se constituye en un espacio para desplegar un trabajo matemático de tipo exploratorio, que conlleva probar, ensayar, abandonar, imaginar, entender, tomar decisiones, conjeturar.

Esta modalidad responde al principio de la *devolución*: el alumno entra en una actividad genuina de construcción cuando él tiene un problema a resolver. También atiende a la *transposición didáctica* al plantear actividades resultantes de la transformación (mediante la simplificación, modificación y reducción de la complejidad) del saber científico o sabio en un saber posible de ser enseñado en este nivel educativo.

Como veremos a continuación esta forma de trabajo requiere que el docente realice una adecuada selección de los problemas y la regulación de la dinámica de interacciones en el aula para favorecer la concreción de los aprendizajes procurados.

Una actividad se considera un problema matemático cuando permite a los alumnos introducirse en el desafío de resolverla a partir de sus conocimientos disponibles pero que, a la vez, les demanda la producción de nuevas ideas en la dirección de una solución posible. No es el formato de su presentación lo que la convierte en problema: puede ser dada en forma coloquial, simbólica, gráfica, tabular o mixta. Tampoco su carácter de extra o intra matemático: puede ser de la vida real o de la propia ciencia. Veamos ejemplos:

ACTIVIDAD 1:
Extraída de *Carpeta de actividades Matemática 8, Serie Entender* (p. 184).
Autores:
M. Aragon,
L. Laurito, G. Net, E. Trama.
Editorial Estrada.
Buenos Aires, 2003.

63. En 5 días, 4 máquinas que fabrican envases para leche, trabajando 6 h diarias, produjeron 21.600 envases. Una de las máquinas se detuvo cuando faltaban hacer 10.800 envases, que debían ser entregados en 2 días. ¿Cuántas horas diarias tuvieron que trabajar las máquinas que quedaron, para cumplir con el pedido, en tiempo y forma?

ACTIVIDAD 2:
Extraída de *Carpeta de Matemática 1*, Polimodal, *Cuadernillo 6* (p. 27).
Autores:
C. Abdala, M. Real, C. Turano.
Editorial Aique.
Buenos Aires, 2001.

[64] Hallen los valores de $x \in [0; 2\pi]$ que verifican las siguientes ecuaciones.

a) $sen(990° - x) = cos(720° + x) + sen\dfrac{\pi}{2}$

b) $sec(6x - 10°) = 2$

c) $4\, ctg^2\, x = 3\, cosec^2\, x$

ACTIVIDAD 3:
Extraída de *Matemática 8* (p. 169).
Autores: M. Latorre, L. Spivak, P. Kaczor, M. de Elizondo.
Editorial Santillana.
Buenos Aires, 1997.

a) Indiquen cuál es la medida de la hipotenusa del triángulo mayor.
b) Calculen cuánto mide la hipotenusa del próximo triángulo que habría que dibujar para continuar la espiral

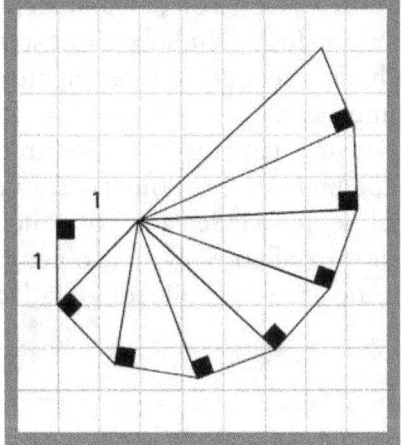

Lo que constituye a una actividad en "problema pasible de ser utilizado en instancias educativas" es su nivel de dificultad para que los alumnos produzcan una adecuada estrategia de resolución. Lógicamente ese nivel depende de los conocimientos previos disponibles, por lo que una misma actividad puede ser considerada "problema" en un momento y mero "ejercicio" en otro.

Así, en relación con los anteriores ejemplos, podemos decir que:
- La Actividad 1 tiene una presentación coloquial, acompañada de una foto que fortalece la idea de vinculación con la vida cotidiana, representada en el texto por expresiones tales como *envases para leche, máquinas, pedido, días, horas*. Constituye un problema si no se ha trabajado anteriormente con otros problemas de Regla de tres compuesta. Luego de una explicación del docente de una forma conveniente de resolución pasaría a ser un ejercicio de afianzamiento de la técnica.
- El formato de presentación de la Actividad 2 consiste en una breve consigna coloquial que indica qué debe hacerse con relación a un objeto matemático (ecuación) presentado en forma simbólica. Constituye un problema si no se han presentado anteriormente otras ecuaciones trigonométricas.
- La Actividad 3 tiene un carácter intramatemático y en ella ocupa un rol importante la etapa de *comprensión*, principalmente de la regla de construcción de la espiral dada por un gráfico. Será un problema para el alumno en tanto no se haya explicado detalladamente cuál es esa regla.

En cualquier caso la forma de la presentación de un problema debe ser cuidada, tanto en lo que hace a la claridad y pertinencia del lenguaje y redacción empleados como a la coherencia epistémica involucrada.

Conviene tener muy en cuenta que los problemas no funcionan como motor de producción de conocimientos matemáticos por sí mismos. Se requiere un trabajo sistemático de más de una clase, intencionalmente planificado por el docente, para que los estudiantes puedan reorganizar sus estrategias de resolución, pensar en las relaciones que fueron apareciendo, abandonar ensayos erróneos e intentar nuevas aproximaciones.

Para ayudar a los alumnos, en caso que haya que reorientar sus resoluciones, se considera propicio intervenir con sugerencias puntuales (no generales del tipo: "¿estás seguro?", "seguí pensando") y personales, que impulsan nuevamente a la resolución de la actividad: "¿pensaste en esta posibilidad…?" (y dar algún indicio), "¿te acordás cuando hicimos… ?" (y vincular con algo previo), "¿qué sucede si consideramos el caso… ?" (y presentar contraejemplos), "¿qué estamos tratando de hacer… ?" (y proporcionar ejemplos), "¿viste lo que propone… ?" (y señalar partes de alguna resolución de un compañero), "¿pero qué dice el enunciado… ?" (y leerlo pausadamente, destacando palabras significativas).

En el proceso global se favorece la emergencia de espacios de tipo colectivo, de carácter tanto formativo como evaluativo, en los que se socializan los conocimientos: los estudiantes explicitan las estrategias producidas y conocen las de sus compañeros, el docente favorece su desarrollo con oportunas intervenciones.

En los debates que se van gestando, el profesor está atento a lo que dicen sus alumnos para informarse acerca del estado de situación de los aprendizajes que se van produciendo (conocimientos, dificultades, errores). Para ello escucha a sus alumnos, escucha realmente qué están queriendo expresar, qué asociaciones están produciendo, qué han logrado resolver, qué impedimentos están encontrando, qué iniciativas han tenido. En este punto es importante destacar que, así como un profesor no puede conformarse con que sus alumnos conozcan reglas, definiciones y fórmulas sin saberlas usar, tampoco puede conformarse con que sepan hacer sin ser capaces de hablar al respecto mediante intercambios en el grupo-clase, pudiendo cada cual convencer y convencerse. Por ello el docente estimula que cada uno de sus alumnos hable, no con monosílabos que responden a preguntas direccionadas del docente sino explicitando sus propios pensamientos, de la manera en que le salga.

En este espacio colectivo también se promueven procesos metacognitivos, al reflexionar sobre las características de las propias acciones y construir una memoria de lo trabajado: comparar distintos procedimientos de resolución, elaborar argumentaciones acerca de su validez, comparar lo anterior con lo nuevo, recapitular, tomar conciencia de las reorganizaciones del conocimiento, dar forma propia a los saberes alcanzados. De esta manera se logra un nivel más profundo de aprendizaje y los conocimientos se tornan transferibles a nuevas situaciones.

En estas instancias el profesor es el responsable de ir estableciendo el status matemático de las elaboraciones de los estudiantes: el concepto que se estuvo construyendo tiene un nombre y una simbología, a partir de ese momento comenzará a llamárselo así y a simbolizárselo de esta manera.

Esta intervención globalizadora del docente muestra las relaciones entre lo construido y el saber matemático, es decir, formaliza el conocimiento generado por parte de los estudiantes. Este momento de institucionalización en la clase de Matemática resulta una tarea ineludible del profesor. Es allí donde se emplea un lenguaje lo más cercano posible al conocimiento disciplinar –sin descuidar la vigilancia epistémica, en términos de Bachelard (1987)– y a partir de entonces este saber será reconocido como *enseñado* por el docente y como *aprendido* por los alumnos.

El aprendizaje de Matemática requiere de tiempos de experimentación y de apropiación. Es por ello que las situaciones que se plantean en las clases se aprovechan en gran medida para analizar de qué manera están funcionando los conceptos matemáticos para resolverlas. En este proceso el docente realiza una tarea cuidadosa, que tiene en cuenta las dificultades de aprendizaje como parte del proceso de construcción del conocimiento matemático y para facilitar la producción de los alumnos. El profesor, al diseñar la secuencia didáctica, prevé posibles errores y respuestas de los estudiantes. Esto le posibilita anticipar sus intervenciones durante el trabajo en clase así como cuestiones a considerar en las instancias de puesta en común.

A su vez, el análisis a posteriori de la experiencia, donde se compara lo previsto (a priori) y lo realmente sucedido en la clase, brinda elementos a tener en cuenta en futuras propuestas e intervenciones. En tal sentido el profesor registra acerca de las producciones de sus alumnos: cómo construyen sus conocimientos, cuál es la naturaleza de sus errores, cuáles son sus ritmos de trabajo, cómo han ido evolucionando. Esta información del proceso se constituye en material evaluativo del trabajo de los alumnos a la vez que de insumo para futuras acciones docentes.

Sobre la base de conocimientos trabajados se realizan actividades de resolución de ejercicios, más o menos estándar, a efectos de fijar los saberes en tratamiento e integrarlos a la red cognitiva mediante nuevos enlaces conceptuales. Una parte importante de esta actividad puede transcurrir entre clases, como tarea para el hogar. Esta será posteriormente comparada en el aula con las de compañeros y supervisada por el docente. El docente insiste en vencer una eventual resistencia por parte de los alumnos, explicándoles que ese momento de trabajo autónomo, donde cada uno constata lo que verdaderamente está siendo capaz de realizar, sirve para autoevaluar los avances y fortalecer los conocimientos.

Como una forma complementaria de medir los aprendizajes, colectivo y de cada alumno, se plantean evaluaciones individuales donde mayormente se solicita realizar actividades que revelen una comprensión y estudio satisfactorios de los temas trabajados; posteriormente ampliaremos sobre este aspecto.

Actividades que se les proponen a los alumnos para aprender a estudiar Matemática, favorecer procesos metacognitivos y formar hábitos, pueden ser:
- Participar activamente del trabajo en las clases, procurando resolver los problemas o ejercicios, compartiendo sus razonamientos, debatiendo criterios, escuchando las exposiciones del docente y de compañeros y preguntando sobre cada duda en el mismo momento en que les surja.
- Repasar los alcances de conceptos en estudio, así como sus propiedades, ejemplos, notaciones y representaciones.

- Releer las conclusiones elaboradas de manera conjunta en clase, subrayando sus principales elementos constitutivos.
- Revisar las estrategias empleadas en la resolución de diversos tipos de problemas y reflexionar respecto a sus características, aplicabilidad y alcances.
- Volver a resolver aquellos problemas que resultaron más complejos analizando dónde radicaba la dificultad.
- Rehacer a conciencia pruebas escritas, prestando atención a las correcciones efectuadas por el docente.
- Realizar las anteriores acciones con algún o algunos compañeros.

Conviene señalar que no se trata de caer en un constructivismo *radical*, en el que el docente enuncia un problema y se sienta a esperar resultados. Lejos de eso, el docente tiene un papel protagónico activo, antes y durante cada clase.

De todo lo anterior se desprende que la modalidad constructiva de enseñanza es rica en cuanto a la significatividad de los aprendizajes alcanzados y la continuidad en la evaluación de la marcha del proceso, pero también se advierte que algunas variables didácticas se tensan a punto tal de hacer dudar al docente de adoptarla.

Una de ellas es el *tiempo* requerido para su implementación: el ritmo de avance puede resultar muy lento, porque requiere muchas acciones en el aula para el desarrollo de cada tema.

Otra es la importante tarea de *planificación*: corresponde al docente buscar/inventar varios problemas, que sean adecuados para la generación de las ideas, atender a la calidad del formato de sus enunciados, prever dudas/preguntas que emerjan en el transcurso de la tarea de resolución y modos posibles de orientar el trabajo de cada alumno en cada caso.

Cierto es, además, que en algunos *temas* de Matemática es difícil encontrar/crear problemas interesantes, oportunos y acordes al nivel de conocimientos de los alumnos a través de los cuales se pueda ir construyendo un nuevo concepto (por ejemplo: operatoria con polinomios, raíces de polinomios, regla de Ruffini, probabilidad condicional, criterios de congruencia o de semejanza de triángulos), mientras que otros sí se prestan más claramente a un tratamiento constructivo (por ejemplo: combinatoria, probabilidad, mínimo común múltiplo, máximo común divisor, proporcionalidad, ángulos entre dos rectas paralelas cortadas por una tercera, función exponencial).

Una cuarta es la *constante actividad* que debe realizar el docente en las clases: tratará de lograr que todos los alumnos trabajen en forma activa e interactúen respetuosamente, con sus compañeros y el profesor, mientras atiende dudas, reorienta acciones y evalúa avances, y finalmente será quien institucionalice los conocimientos alcanzados.

Por último, la *imposibilidad de prever* la totalidad de lo que ocurre en las clases, al tener que ir actuando en base a los emergentes, puede también perturbar la convicción del profesor en cuanto a adoptar en un 100% esta modalidad de trabajo.

Pero pueden plantearse estrategias intermedias, que organicen la enseñanza combinando el trabajo del alumno con exposiciones dialogadas del docente y evalúen atendiendo a los principios del constructivismo. El tiempo disponible, las posibilidades reales de trabajo en un curso y las características epistémicas del tema a tratar confluirán en la decisión del docente de cuándo, cuánto y cómo exponer elementos de una teoría. Si la exposición se desarrolla de manera dialogada, planteando preguntas, dando tiempo para que todos los alumnos puedan pensar y trabajando a partir de las respuestas obtenidas (correctas o no), la dinámica puede adoptar una modalidad constructiva, aunque guiada grupalmente por el profesor. Corresponde, además, intercalar momentos en los que el estudiante analice autónomamente nuevos aspectos y, en base a interacciones en el aula, progrese en los conocimientos de un tema mientras es orientado y evaluado por el docente.

Es el docente quien afronta la situación de ir decidiendo, en cada caso, cuál amalgama de acciones resulta más oportuna para enseñar de manera constructiva, en los tiempos y condiciones disponibles, logrando que todos los alumnos aprendan Matemática a la vez que resignifican concepciones previas, socialmente compartidas, respecto a la disciplina.

En este último sentido consideramos importante que, en el discurso y en las acciones de enseñanza y evaluativas, el docente transmita claramente que no solo se trata de "hacer cuentas", "recitar definiciones" o "ejecutar procedimientos" sino que corresponde interpretar, pensar, razonar, relacionar, comprender, inducir, representar, deducir, en esencia: trabajar activamente con las ideas.

Otro importante desafío que se le presenta al profesor en Matemática es lograr transmitir a sus alumnos la idea de que la Matemática es un quehacer *para todos*, no para "elegidos". En este sentido no acepta con naturalidad que algunos de sus alumnos se autoexcluyan de la posibilidad de entenderla mediante manifestaciones del tipo "esto no es para mí" o "soy malo para la Matemática". Por el contrario señala que, si persisten en el esfuerzo, todos alcanzarán la meta fijada, pudiendo haber en algunos casos tan solo diferentes modos y/o tiempos de aprendizaje. Desde luego el primer convencido tiene que ser él mismo.

Diferentes momentos en el desarrollo de un tema: sus características

Según las ideas que venimos desarrollando se entiende que es responsabilidad del profesor favorecer la generación de un ambiente de trabajo en el que los estudiantes encuentren las condiciones adecuadas para "hacer" Matemática. Dicho así puede parecer sencillo, pero no lo es. Por ello intentaremos precisar aún más algunas cuestiones.

En el transcurso de la enseñanza de un tema de Matemática pueden reconocerse diferentes *momentos* (etapas, espacios con una marcada característica didáctica) que, en función de sus rasgos propios, determinan formas particulares de organizar las acciones.

Sucintamente podríamos concentrarnos en cinco *momentos*:
- Formación de un concepto.
- Construcción de propiedades.
- Desarrollo de procedimientos.
- Fijación.
- Evaluación.

Es necesario señalar que planteamos esta diferenciación al solo efecto de analizar algunas cuestiones propias de cada uno de esos momentos, pero que no debe interpretarse que son estrictamente excluyentes ni secuenciales. En efecto, generalmente hay un primer momento en el que se procura iniciar la formación de un concepto estableciendo "qué es" y "qué no es" aquello de lo que se habla, pero esta comprensión continuará fortaleciéndose a medida que se van conociendo las propiedades inherentes al mismo y que se va trabajando en práctica con ellas, ejecutando acciones que al reiterarse se constituyen en procedimientos. Asimismo, las fases de los procedimientos de resolución estándar de ciertos tipos de ejercicios se justifican a partir de las propiedades del objeto en estudio y al reiterar su ejecución se van fijando los diferentes aspectos del tema en tratamiento. Además la evaluación debe ir dándose a lo largo de todos esos procesos desarrollados en forma colectiva en el aula, no solo en una prueba escrita final e individual.

La heterogeneidad de los temas tratados en el área Matemática determina que, en su tratamiento, puedan ser diferentes los pesos relativos de cada uno de esos momentos. Hay temas en los que, a nivel escolar, se trabajan pocas propiedades o pocos procedimientos mientras que en otros ocurre todo lo contrario. Esto también se relaciona con la dificultad del tema o con el tiempo disponible.

Pero, claramente, nunca debiera omitirse el abordaje de los momentos de formación de conceptos ni de evaluación. ¿De qué serviría saber "hacer algo" si no se sabe con certeza "qué es eso" con lo que estamos trabajando?

Lamentablemente muchos libros de texto no dedican mayores esfuerzos a la construcción de la parte conceptual. Algunos solo consignan un breve punteo de ideas (definición, propiedades, fórmulas), con carácter de recordatorio, y luego proponen ejercitación para el alumno, sin plantear preguntas ni discutir relaciones ni mostrar ejemplos resueltos. Incluso hasta hemos encontrado un libro que a ese breve resumen lo designa como "machete", cargándolo de una lamentable connotación negativa. Si el docente solo emplea tal cual como vienen ese tipo de materiales, los alumnos aprenderán "recetas de trabajo" carentes de sustancia, a veces ni eso.

En la formación docente resulta muy oportuno dedicar un particular énfasis al análisis de la pertinencia de las propuestas editoriales disponibles, para entrenar un "ojo crítico" que posibilite a los docentes complementarlas adecuadamente a la hora de su empleo en la escuela y también generar materiales de enseñanza apropiados.

Formación de un concepto

La comprensión de un concepto matemático engloba mucho más que "conocer su definición". Abarca un dominio de ciertos problemas que dan lugar a su emergencia, las conjeturas que se puedan formular, las eventuales relaciones con otros conceptos, las propiedades que conlleva, las diversas formas de representación que admite. Toda estrategia de enseñanza de un nuevo concepto debería atender a ese entramado para garantizar una adecuada comprensión.

Al momento de planificar actividades de presentación de un nuevo concepto (posiblemente luego de haberse trabajado con problemas que generan la necesidad de hacerlo) hay dos aspectos que contribuyen a establecer cuál es la forma más conveniente de organizar las acciones:

- Si los alumnos ya conocen, o no, otros conceptos que tienen alguna analogía con el nuevo a presentar.
- Si se trabaja en Ciclo Básico o Ciclo Orientado.

Veamos un poco cómo juegan estas variables didácticas:

Sobre la primera cabe señalar que si hay conceptos anteriores ya conocidos por los alumnos, que tienen alguna analogía con el que actualmente será presentado –denominados por Ausubel (1963, 1968) "conceptos inclusores", ya que ellos ayudarán a que el nuevo concepto se incluya en la red de conocimientos preexistente del alumno–, es muy pertinente comenzar haciendo referencia a ellos. Desde luego resulta ineludible resaltar los aspectos similares y diferentes del nuevo concepto con respecto a los inclusores.

Esta estrategia es conveniente en cualquier año de la escolaridad media. En el siguiente cuadro se muestran algunos ejemplos, pensados (la condición de "previo") de acuerdo al orden habitual de desarrollo de temas en la escuela.

CONCEPTO PREVIO ANÁLOGO (INCLUSOR)	NUEVO CONCEPTO A FORMAR
Ecuación lineal (en una variable)	Ecuación cuadrática (en una variable)
Polígonos	Poliedros
Polígonos regulares	Poliedros regulares
Área de una figura plana	Volumen de un cuerpo
Operaciones y sus propiedades en Z	Operaciones y sus propiedades en Q
Variaciones de m elementos tomados de a n	Combinaciones de m elementos tomados de a n
Familia de funciones lineales	Familia de funciones cuadráticas, o trigonométricas, o logarítmicas
Ecuación lineal (en una variable)	Inecuación lineal (en una variable)
Suma de los ángulos interiores de un triángulo	Suma de los ángulos interiores de un polígono cualquiera
Sistema sexagesimal de medición de ángulos	Sistema radián de medición de ángulos
Razones trigonométricas de ángulos agudos	Razones trigonométricas de ángulos cualesquiera
Congruencia de figuras	Semejanza de figuras
Unidades de medida de área	Unidades de medida de volumen
Progresiones aritméticas	Progresiones geométricas
Simetría axial	Simetría central
Ecuación lineal, en una o más variables	Sistema de ecuaciones lineales en varias variables
Discretitud de los números enteros	Densidad de los números racionales

Es claro que luego del primer momento de la presentación, apoyada en analogías con un concepto inclusor, convendrá insistir con frecuencia a lo largo del trabajo sobre cuáles son las diferencias, para ayudar a que la nueva idea vaya tomando identidad propia.

Si, por el contrario, a la hora de comenzar a formalizar la presentación de un nuevo tema no se dispone de ningún concepto inclusor entonces habrá que generar el nuevo concepto desde cero. En este caso las estrategias pueden variar según se trate del Ciclo Básico o del Orientado.

✓ En el Ciclo Básico es conveniente apelar a:
  a) La presentación de muchos ejemplos que ilustren el concepto (si se puede gráficamente mejor) y también de varias situaciones que no responden al mismo, aunque tengan alguna similaridad, para establecer más claramente "qué es" y "qué no es" aquello de lo que se está hablando.
  b) Posteriormente, y sobre la base de ir precisando en el grupo-clase cuáles aspectos permiten definir al concepto, se redondea una definición coloquial.

La formación del concepto continuará fortaleciéndose a medida que se van conociendo las propiedades inherentes al mismo y que se va trabajando en práctica con ellas.

Veamos un par de ejemplos extraídos de libros de texto.

EJEMPLO 1:
Extraída de *Matemática 9, Serie Vértices* (p. 122). Autores: J. Seveso de Larotonda, A.R. Wykowski, G. Ferrarini. Editorial Kapelusz. Buenos Aires, 2000.

a) **Cuerpos semejantes**

Cuerpos semejantes son cuerpos que tienen la misma forma.
Todos los cubos son semejantes, pero no todos los prismas son semejantes.
Todas las esferas son semejantes, pero no todos los cilindros son semejantes.

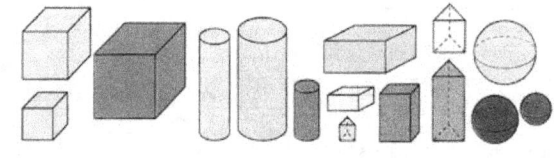

b)
> Dos poliedros son semejantes si todas las caras correspondientes son semejantes y las longitudes de las aristas correspondientes son proporcionales.

EJEMPLO 2
Extraído de *Geometría 4, Secuencia de actividades* (p. 5).
Autoras: S. Altman, M. Arnejo, C. Comparatore, L. Kurzrok.
Editorial Tinta Fresca. Buenos Aires, 2011.

a) **La fotocopiadora**

1. ¿En cuáles de estos pares de figuras es posible pasar de una a otra por medio de una ampliación o una reducción en una fotocopiadora? Expliquen por qué.

a.
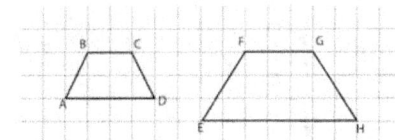

DEFINICIONES
Dos figuras son **semejantes** si se puede pasar de una a otra por medio de una ampliación o reducción.

b.
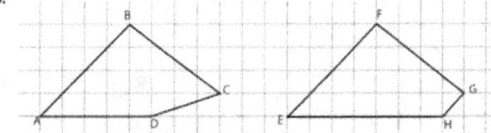

c.
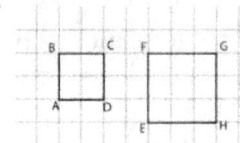

d.
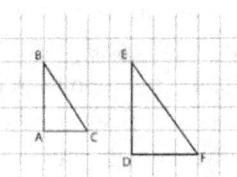

e.
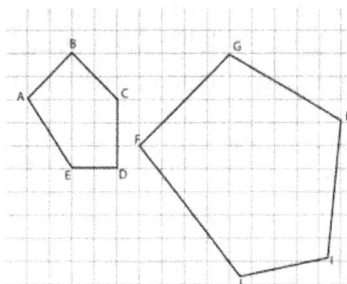

f.
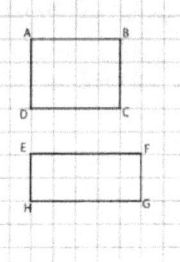

b)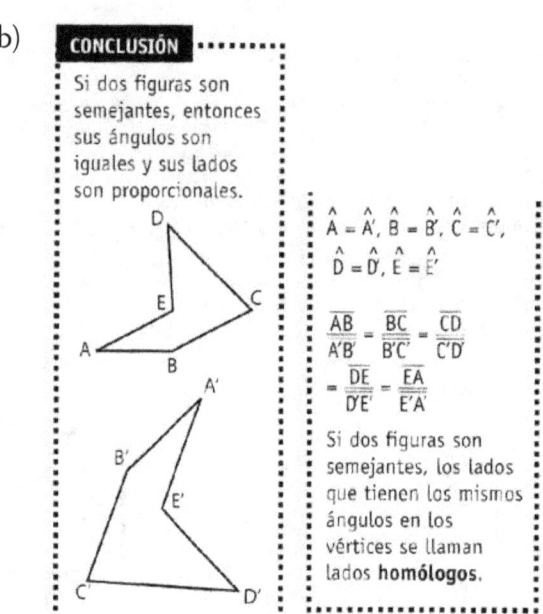

✓ Cuando en el Ciclo Orientado se trata de introducir un nuevo concepto y no se dispone de conceptos inclusores se puede trabajar como se mencionó en el Ciclo Básico o bien puede ahora apelarse a presentar una definición rigurosa, planteada en forma coloquial, simbólica o ambas y acompañada de varios ejemplos que ayuden a concretar sus alcances. El mayor nivel de capacidad de abstracción, y del consecuente manejo del lenguaje, posibilitan la segunda de esas estrategias en este ciclo.

EJEMPLO 1
Extraído de *Carpeta de Matemática I, Cuadernillo 4* (p. 7).
Autores: C. Abdala, M. Real, C. Turano.
Editorial Aique. Buenos Aires, 2001.

> RECORDAR
>
> Las funciones potenciales están asociadas a expresiones algebraicas de la forma $a \cdot x^n$ ($a \in \mathbb{R}$ y $n \in \mathbb{N}$), llamadas *monomios*; n indica el *grado* del monomio. Por ejemplo: el monomio $3x^5$ es de grado cinco.
> Sumando funciones potenciales de distinto grado se obtienen *funciones polinómicas*.
> Las funciones polinómicas están asociadas a expresiones algebraicas de la forma
> $a_n x^n + a_{n-1} x^{n-1} + a_{n-2} x^{n-2} + \ldots + a_1 x + a_0$, llamadas *polinomios*. El grado de un polinomio es el del monomio de mayor grado.
> En este capítulo consideraremos polinomios y funciones polinómicas de una sola variable, y nos referiremos indistintamente a uno u otra.
> Por ejemplo: $2x^4 - 5x^3 + 1$ es un polinomio de grado 4.
> $\underbrace{x^3 + 4x}_{\text{dos términos}}$ es un binomio y $\underbrace{2x^4 - 5x + 1}_{\text{tres términos}}$ es un trinomio.
> Se llama *polinomio nulo* al que tiene todos sus coeficientes iguales a 0. El polinomio nulo *no tiene grado*.

EJEMPLO 2
Extraído de *Matemática* (p. 218).
Autores: M. Martínez, M. Rodríguez.
Editorial McGraw-Hill. Santiago de Chile, 2004.

a) Frecuencia absoluta simple

Si la variable es **cualitativa o cuantitativa discreta**, la **frecuencia absoluta simple** (f_i) es la cantidad de veces que se repite un determinado valor de la variable (x_i).
Si la variable es **cuantitativa continua**, la **frecuencia absoluta simple** (f_i) es la cantidad de datos que "caen" en un intervalo.
Las afirmaciones anteriores tienen excepciones ya que en muchos casos de variable discreta, cuando hay una gran cantidad de datos, se utilizan los intervalos de clase; otras veces, tratándose de variable continua se la "discretiza" cuando, por ejemplo, se redondean los datos.

En ambos ciclos, una vez concretadas el tipo de acciones anteriormente mencionadas destinadas a establecer "qué es" lo que involucra el nuevo concepto, conviene fortalecer el uso fluido de las diferentes representaciones que el mismo pueda tener en distintos registros: coloquial, gráfico, numérico simbólico, tabular. Este "navegar por el mundo de las diferentes representaciones" permite amasar el concepto (seguir fortaleciendo su comprensión), sin entrar todavía al desarrollo de procedimientos o bien intercalado con ellos.

A modo de ejemplos, en cada línea de las dos siguientes, se muestran diferentes representaciones de una misma idea. Un alumno debiera ser capaz de leerlas comprensivamente y de efectuar con naturalidad pasajes entre ellas.

$$\text{dos tercios} \leftrightarrow \frac{2}{3} \leftrightarrow 1 - \frac{1}{3} \leftrightarrow 0{,}666666\ldots \leftrightarrow 0{,}\widehat{6} \leftrightarrow \ldots \leftrightarrow \ldots$$

Variable independiente	Variable dependiente
0	0
1	1
2	4
3	9
-1	1
-2	4
-3	9

$\leftrightarrow$ [gráfico de parábola $y = f(x)$, Graf (f)] $\leftrightarrow f(x) = x^2$

Esto claramente tiene que ver con un manejo comprensivo por parte del docente quien, poniendo en juego su solvencia, puede abrir distintas puertas de entrada a un mismo contenido matemático y es consciente de la trascendencia de hacerlo, en cualquier tema y nivel. Así, después de la introducción de cada tipo de representación, propondrá la realización de actividades de "pasajes" entre ellas, sabiendo que en esas acciones continúa fortaleciéndose la formación del concepto a la vez que se afianza el uso de cada una de las representaciones.

Cabe destacar que el profesor continuará fomentando el conocimiento de la diversidad de registros de un concepto al formular posteriormente consignas de actividades en diferentes representaciones y también al solicitar a los estudiantes que den respuesta a ellas en distintos formatos.

Obtención de propiedades

En lo que hace al establecimiento de nuevos conocimientos el quehacer matemático puede sintetizarse gruesamente en tres etapas:

> observar - inducir - demostrar

Cuando se replica la actividad en la escuela deberían abordarse, al menos, las dos primeras etapas.

Para ello pueden plantearse situaciones problemáticas de las que emerjan con claridad las nuevas ideas, por reiterada observación y análisis de un determinado fenómeno. Si no hay tiempo para esperar que el grupo-clase vaya trabajando y desarrollando ese proceso, o si se cree que la dificultad del tema impedirá la inducción, el docente puede formular sucesivas preguntas al grupo-clase que orienten el flujo de ideas, o bien optar por una exposición dialogada.

En ambas modalidades se trata de que los alumnos analicen situaciones análogas, en las que puede advertirse una cierta repetición de fenómenos que llevan a la inducción de propiedades. El profesor convalidará las mismas y decidirá, en cada caso, si cabe encarar, además, su demostración.

Formularemos sintéticamente algunos ejemplos para dar forma concreta a estas ideas. Los cursos señalados corresponden al actual esquema del sistema educativo de la Provincia de Santa Fe, en el que la escuela primaria tiene 7 años de escolaridad y la Escuela Media tiene 5 años (salvo algunas escuelas técnicas que pueden tener 6).

Ejemplo (para cursos de 1º año): Luego de hacer contar a los estudiantes las cantidades de vértices (v), caras (c) y aristas (a) de diferentes poliedros (envases, adornos, materiales didácticos, etc.) puede plantearse que efectúen en cada caso el cálculo de $v + c - a$. Observarán que la cuenta da siempre el mismo resultado. Se induce entonces la propiedad de Euler, que momentáneamente podría enunciarse así "En todo cuerpo poliedro se verifica que $v + c - a = 2$", y luego de haberla dejado escrita puede fijarse a través de ejercicios del tipo:

- Carolina dice que construyó un poliedro con 6 caras, 10 aristas y 8 vértices, Sofía dice que eso no es posible. ¿Quién tiene razón y por qué?
- ¿Cuántos vértices tiene un poliedro con 10 caras y 24 aristas? ¿Puedes imaginar su forma?
- ¿Puede haber un poliedro que tenga 13 caras, 24 aristas y 13 vértices? ¿Qué forma tendría?
- Dibujar un poliedro que no sea una pirámide. Verificar que en él se cumple la fórmula de Euler.

Consideramos que, en este caso, no conviene plantear inicialmente limitaciones al tipo de poliedros donde vale la propiedad ni intentar dar una demostración, porque implicaría una complejización que excede las posibilidades del nivel. Además el principal objetivo de esta actividad es que, con la "excusa" de contar, los alumnos manipulen objetos con formas poliédricas e identifiquen en ellos cuáles son las caras, aristas y vértices, fijando así estos conceptos. Si algunos de ellos fueran objetos cotidianos se estaría fortaleciendo, además, la noción de que en la vida diaria hay objetos sencillos que son estudiados por la Matemática.

En otras actividades el docente puede avanzar aún más planteando la demostración de una propiedad en estudio.

Ejemplo (para cursos de 2º año): Se presentan las proporciones numéricas, como "igualdad entre dos razones numéricas". A través de reiterados ejemplos numéricos se observa que $\frac{a}{b} = \frac{c}{d} \Leftrightarrow a.d = b.c$, propiedad que se enuncia y se da por aceptada.

A través de la exploración con números, sugerida por el docente, pueden inducirse nuevas propiedades que se demuestran formalmente a partir de la anterior, como por ejemplo:
$\frac{a}{b} = \frac{c}{d} \Rightarrow \frac{a+b}{b} = \frac{c+d}{d}$.

La demostración de esta propiedad es muy simple.

$\left. \begin{array}{l} \text{En efecto, se sabe que } \frac{a}{b} = \frac{c}{d} \Rightarrow a.d = b.c \\[1em] \text{Entonces } (a+b).d = a.d + b.d = b.c + b.d = b.(c+d) \\[1em] \text{de donde surge que } \frac{a+b}{b} = \frac{c+d}{d} \end{array} \right\} (*)$

La primera vez que se desarrolla una actividad de demostración el profesor puede posteriormente introducir terminología apropiada –teorema, hipótesis, tesis, demostración– y dar un encuadre formal al proceso realizado, de la siguiente manera:

Teorema

Siendo $a, b, c, d \in R, b \neq 0, d \neq 0$ se verifica que $\frac{a}{b} = \frac{c}{d} \Rightarrow \frac{a+b}{b} = \frac{c+d}{d}$.

Hipótesis: $a, b, c, d \in R, b \neq 0, d \neq 0, \frac{a}{b} = \frac{c}{d}$

Tesis: $\frac{a+b}{b} = \frac{c+d}{d}$

Demostración: corresponde repetir (*)

Al plantear el enunciado del teorema se hace necesario explicitar qué representan las letras *a*, *b*, *c* y *d*, lo cual implica reflexionar respecto a la naturaleza de los objetos en juego en este caso.

Insistimos en no apabullar de entrada con el formato "Teorema", porque la novedad del lenguaje formal podría actuar como obturante de la comprensión del razonamiento involucrado. Siguiendo el camino con que se produce la ciencia, "primero se razona, luego se formaliza", de esta manera resultan más accesibles los avances.

Consideramos que la presentación de terminología matemática formal no es imprescindible, pero tampoco imposible. A primera vista se trata solo de una cuestión de formato, pero entendemos que no está demás que los alumnos conozcan el lenguaje y los modos con los que se organiza, desarrolla y comunica la ciencia que están estudiando, es saludablemente formativo subir ese peldaño.

En cualquier caso (con o sin formato matemático) el docente enfatizará el carácter universal que conlleva el trabajo de demostración realizado: "con letras que representan a cualquier número". Cabe insistir porque este modo de accionar no es un desempeño instintivo y natural en un alumno (generalmente exploran con algunos números y allí quedan), pero convenientemente presentado terminan siendo comprendidas la fuerza y validez del uso de letras que representan a cualquier número de un conjunto infinito.

También, cuando el tema lo permita, se puede alentar al alumno a encarar autónomamente otras demostraciones similares.

Por ejemplo, en el caso que venimos presentando se puede proponer que, bajo las mismas hipótesis, se demuestre que valen:

$$\frac{a-b}{b}=\frac{c-d}{d} \;;\; \frac{a}{b}=\frac{a+c}{b+d} \;;\; \frac{a}{b}=\frac{a-c}{b-d} \;;\; \frac{a+b}{a}=\frac{c+d}{c}$$ entre otras.

A pesar de que esta reiteración de la actividad podría configurarse en una especie de rutina entendemos que es cognitivamente rica por la complejidad de organizar de manera autónoma razonamientos abstractos (con letras).

Hay muchos otros temas de la Escuela Media donde se presenta la oportunidad de que los alumnos puedan realizar alguna demostración, por ejemplo: identidades algebraicas o trigonométricas sencillas, relaciones entre ángulos alternos internos o externos y conjugados (en dos rectas paralelas cortadas por una tercera), factorización de polinomios.

> Por ejemplo, en 2° o 3° año pueden obtener la expresión desarrollada del cuadrado o del cubo de un binomio por sucesivas aplicaciones de la propiedad distributiva.

En caso de proponer estas demostraciones, durante el momento de la construcción de propiedades, las mismas también deberían incluirse en las evaluaciones escritas individuales, anunciándolo previamente y dejando en claro que no se trata de memorizar sino de volver a razonar cada vez que se presente. Así se gana coherencia entre enseñanza y evaluación y se logra que los alumnos asuman una actitud de aprendizaje comprensivo y deductivo. Aceptamos que puede sonar algo ambicioso, pero sabemos de muchos casos en los que se ha llevado a cabo y se han logrado resultados aceptables, es cuestión de preparar el terreno y animarse.

Hay otras situaciones en las que una demostración es muy complicada para que la realice el alumno por sí solo pero no para que la entienda si le es adecuadamente explicada, por ejemplo la deducción de la fórmula de la resolvente en la ecuación de 2° grado, la irracionalidad de $\sqrt{2}$, sen $45° = \frac{\sqrt{2}}{2}$, consecuencias del Teorema de Thales, propiedades del logaritmo. Entender la explicación realizada por el docente de un razonamiento que demuestra una propiedad es también muy formativo, de hecho mucho más que omitirlo.

En algunos casos pueden plantearse justificaciones que, sin llegar a constituir una demostración, contribuyen a comprender mejor la validez de una propiedad en estudio, haya sido esta demostrada o no. Tal es el caso, presente en muchos libros de texto, de las formas gráficas de visualizar la relación pitagórica en un triángulo rectángulo o la expresión del cuadrado de un binomio. En ambos casos se apela a un lenguaje gráfico para ayudar a comprender la validez de una identidad algebraica, no son demostraciones pero fortalecen la comprensión y la fijación de las ideas.

> También es posible partir de cuatro triángulos rectángulos congruentes y calcular el área del cuadrado construido sobre las hipotenusas tomando como datos las longitudes de los catetos

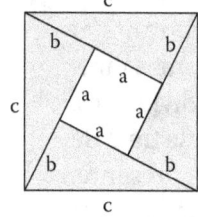
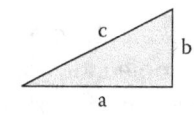

$$c^2 = (a-b)^2 + 4 \cdot \frac{a \cdot b}{2} = a^2 - 2 \cdot a \cdot b + b^2 + 2 \cdot a \cdot b = a^2 + b^2$$

Extraída de *Matemática 8, Anexo Teórico* (p. 68 y 69). Autores: G. Chemello, M. Agrasar, A. Crippa, A. Díaz. Editorial Longseller. Buenos Aires, 2011.

> En general,
> $(a + b)^2 = (a + b)(a + b)$
> $\qquad = (a + b) \cdot a + (a + b) \cdot b \quad$ por propiedad distributiva
> $\qquad = a \cdot a + b \cdot a + a \cdot b + b \cdot b \quad$ por propiedad distributiva
> $\qquad = a^2 + (ba + ab) + b^2$
> $\qquad = a^2 + 2ab + b^2$

$(a + b)^2 = a^2 + 2ab + b^2$

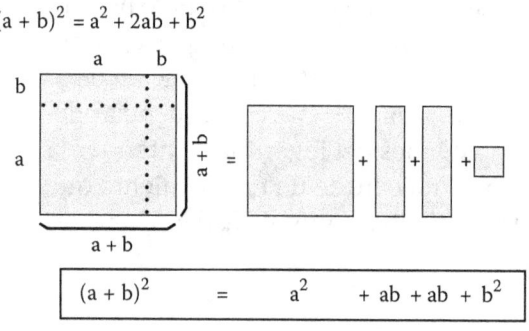

$(a + b)^2 \quad = \quad a^2 \quad + ab \quad + ab \quad + b^2$

Extraída de *Matemática 8, Serie Vértices* (p. 128). Autoras: J. Seveso de Larotonda, A.R. Wykowski, G. Ferrarini. Editorial Kapelusz. Buenos Aires, 1999.

Podría decirse que la etapa de "demostrar" constituye la esencia actuativa del quehacer matemático y, por ende, es saludable que los alumnos de la Escuela Media se encuentren, algunas veces, en la situación de conocerla o ejercerla, ya que ese contacto con la deducción lógica abre un mundo diferente de posibilidades intelectuales. Muchos estudiantes de primer año de carreras universitarias se quejan amargamente de no haber visto en toda la Escuela Media ni un solo teorema presentado como tal, y de desconocer la correspondiente terminología (hipótesis, tesis, demostración), resultándoles apabullante la multiplicidad de situaciones donde estos se presentan a nivel superior.

Por ello es conveniente procurar que, en cada año de la escolaridad media, se demuestren algunas propiedades, completando el proceso de tres etapas inicialmente mencionado (observar – inducir – demostrar), trabajando en forma autónoma el alumno o explicándolas el profesor, y que en los casos en que se decide no abordar una demostración el docente haga explícito que se está aceptando la validez de una propiedad sin demostrarla, para fortalecer la convicción de que probar con dos o tres ejemplos no siempre alcanza para formular validaciones universales. Hacer explícitas las características metodológicas del crecimiento de la ciencia provee una visión más completa de la misma, favoreciendo el despertar o consolidación de vocaciones en los jóvenes.

Desarrollo de procedimientos

Cuando se presenta un nuevo concepto, o un avance en nuevos aspectos de alguno ya en curso, suelen aparecer situaciones problemáticas estándar vinculadas al mismo. Cómo resolver un determinado tipo de problemas, cómo establecer adecuadas conexiones entre las diferentes representaciones de un mismo concepto, cómo graficar cierto objeto geométrico, cómo efectuar operaciones numéricas con apoyo de calculadora, cómo construir, reconocer o interpretar la gráfica de una función, son contenidos –inherentes a la ejecución de acciones– que requieren atención, esto es, tiempo de trabajo del alumno generalmente acompañado de explicaciones del docente.

Un alto porcentaje del trabajo matemático de aula, en nuestras Escuelas Medias, está dedicado a conocer, afianzar y evaluar el uso de procedimientos estándar, entre otros:

- Operar con números o expresiones algebraicas, aplicando propiedades de las operaciones involucradas y atendiendo a convenciones de escritura (uso de paréntesis, separación de términos).
- Hallar formas equivalentes de escribir un número racional (fraccionaria, decimal, notación científica).
- Calcular perímetros, áreas y volúmenes de figuras geométricas empleando fórmulas.
- Trazar bisectrices de ángulos, mediatrices de segmentos, alturas de triángulos, o bien construir figuras geométricas con apoyo de regla y compás.
- Establecer la congruencia o semejanza de dos triángulos, empleando adecuados criterios en cada caso.
- Determinar la cantidad de elementos de un conjunto de opciones sin contarlos uno a uno.
- Calcular la probabilidad de que ocurra un determinado suceso.
- Hallar media aritmética, mediana y moda de un cierto conjunto de datos.
- Resolver ecuaciones con una incógnita (lineales, cuadráticas, trigonométricas, exponenciales) o sistemas de ecuaciones lineales con dos o tres incógnitas.
- Resolver inecuaciones con una incógnita (lineales, cuadráticas, con valor absoluto) o sistemas de inecuaciones lineales con dos incógnitas.
- Operar con polinomios, hallar sus raíces, factorizarlos.
- Calcular las medidas de elementos (lados y/o ángulos) de triángulos usando razones y propiedades trigonométricas.

- Dibujar gráficas de funciones a partir de su ley (lineales, cuadráticas, trigonométricas, exponenciales, logarítmicas, otras).
- Reconocer elementos característicos de la gráfica de una función (pendiente y ordenada al origen en funciones lineales, vértices y raíces en funciones cuadráticas, frecuencia y amplitud en funciones trigonométricas).
- Determinar, a partir de la gráfica de una función, sus intervalos de crecimiento, extremos relativos, límites cuando la variable independiente tiende a $\pm\infty$, etc.

Todo procedimiento consiste en una secuencia de acciones y es un modo de trabajo que se basa en propiedades, características o cursos de pensamiento eficientes que se han ido generando vinculados al objeto matemático en estudio. La visualización de las razones por las cuales resulta efectivo actúa como una fundamentación que ayuda al alumno a aceptarlo y fijarlo con mayor facilidad.

En algunos casos podrá favorecerse que esa visualización surja espontáneamente de los alumnos a partir de la reflexión sobre la reiteración de acciones eficaces realizadas, es decir, mediante un proceso de metacognición. En otros casos, posiblemente debido a su dificultad, habrá que mostrar a los estudiantes cómo opera un determinado procedimiento, ayudando a comprender las razones por las cuales conviene aplicarlo.

Lo que nunca debería hacerse es imponer un procedimiento mecánicamente. En efecto, si explícita o implícitamente el discurso del docente expresara *"esto se hace así, porque algún matemático importante lo determinó"*, generaría la sensación de que la Matemática es una colección de reglas incomprensibles, solo apta para unos pocos iluminados, pudiendo provocar rechazo en algunos alumnos o una cansada resignación en otros. Es evidente que resultaría difícil a esos estudiantes construir conocimientos sólidos a partir de semejantes sentimientos negativos.

En cualquier caso es conveniente enfrentar al alumno con diversas actividades en las que deba decidir si aplica un determinado procedimiento, para que la identificación de condiciones en las cuales resulta oportuno emplearlo contribuyan a constituirlo como un conocimiento estable, transferible a nuevas situaciones análogas.

Otro aspecto que corresponde al docente es dar modelos de escritura de los pasos involucrados en un procedimiento y también verificar luego, al momento de la evaluación, que los mismos sean adecuadamente consignados por los alumnos, ponderando la corrección del método empleado y no solo el resultado final.

Hay procedimientos que son complementarios, opcionales, cuya ejecución no es estrictamente necesaria, pero que sin embargo conviene realizar en determinadas situaciones porque otorgan más claridad o confianza al desarrollo de otras acciones. Estamos hablando, por ejemplo, de:
- Realizar un gráfico, que esquematice una situación problemática geométrica presentada en forma coloquial, antes de encarar su resolución, lo que fortalece la etapa de comprensión.
- Verificar las soluciones encontradas al resolver una ecuación o un sistema de ecuaciones.
- Verificar algunas soluciones encontradas al resolver una inecuación o un sistema de inecuaciones, en particular algunos de los elementos de la frontera del conjunto solución.
- Analizar la pertinencia de un resultado obtenido, verificando que encaje en un rango de valores admisible. A modo de ejemplos: probabilidad de un suceso en $[0, 1]$; $sen\,\alpha$ en $[-1, 1]$; longitud, área o volumen no negativos; cantidad de camiones, o de personas, o de bancos, que sea un número natural; media aritmética de un conjunto de datos perteneciente al menor intervalo que los contiene.

Cada docente decide si presenta, propone o exige la realización de algunos de esos procedimientos opcionales. Opinamos que son sumamente útiles y que, por lo tanto, si se los ignora es más lo que se pierde (afianzamiento de lo trabajado) que lo que se gana (tal vez, un poco de tiempo).

Otro aspecto, de particular importancia y actualidad, es el del apoyo que puede brindar la tecnología en el desarrollo de procedimientos matemáticos. Muchos de los que se trabajan en la Escuela Media son realizados por calculadoras científicas o software matemático de relativamente fácil disponibilidad.

El uso de estos recursos puede potenciar la precisión, la rapidez de acción y la variedad de actividades, pero conviene que se recurra a ellos una vez que se sepan ejecutar los procedimientos a mano, con la mente y a la velocidad del lápiz en papel, de otra manera se corre el riesgo de ser meros "espectadores de las maravillas de la tecnología" en lugar de "usuarios inteligentes".

Un alumno debería saber cuánto es 5600:10; 8 x 9; $cos (-45°)$; $\sqrt{900}$; $log_2 32$; el 50% de 120.000; P_3 (permutaciones de 3 elementos) o cómo es la gráfica de funciones tales como $f(x)= 3 x^2$, $f(x)= - 2 x$ o cuál es la moda de un conjunto de 20 datos numéricos sin necesidad de recurrir a una calculadora/graficadora. También debería advertir que un resultado es "descabellado" si se ha producido algún error en el procedimiento o en el momento de cargar datos por teclado.

Estas cuestiones, realizar mentalmente operaciones sencillas y estimar a priori el orden de resultados un poco más complejos, tienen que ver con saber *de qué se trata* lo que se está haciendo más que *de cómo se calcula*. No sirve de mucho ser hábil en la ejecución de procedimientos si no se comprende claramente la naturaleza de los conceptos involucrados en ellos.

Por último reiteramos nuestra preocupación por la actual tendencia de los libros de texto a reducir la presentación de un tema a una sintética exposición de fórmulas, o enunciados de propiedades que pueden emplearse para resolver problemas, sin ninguna referencia a sus orígenes o fundamentos ni ejemplos resueltos que muestren cómo se utilizan. Un profesor competente, que sabe que tal superficialidad en el tratamiento no alcanza para lograr aprendizajes significativos, complementará adecuadamente esas carencias.

En síntesis, saber llevar a cabo procedimientos es una parte del trabajo matemático, tan importante como otras, por eso corresponde al docente enseñarlos y evaluarlos poniendo atención en los diversos aspectos mencionados.

Fijación

Una vez casi equivale a ninguna vez.

¿Qué queremos significar con esta afirmación? Que, en general, nada se instala de manera estable en la mente de una persona por haberlo visto/ escuchado/ trabajado en una única oportunidad. La reiteración de acciones por parte del estudiante es una parte ineludible de su proceso de aprendizaje.

En el caso de la Matemática consiste principalmente en la realización autónoma de ejercicios semejantes, con ligeras variantes que complejicen gradualmente la tarea. Puede repartirse este trabajo del alumno entre el momento de aula y la tarea para el hogar, tratando de lograr que la reiteración de acciones, con algunas variantes, fortalezca la comprensión mientras se concreta la fijación de ideas. Un docente bien plantado buscará la forma de superar la resistencia de los estudiantes a realizar tareas entre clases, convencido de la fortaleza de esta estrategia de reiteración de acciones como motor de la fijación de ideas.

No queríamos dejar de señalarlo, por su importancia, pero no desarrollaremos mayormente este aspecto dado que ya ha sido adecuadamente explicado por psicólogos cognitivos como Aebli (2002).

Solo agregaremos que a veces, en el apuro por desarrollar la mayor cantidad de temas posible, o bien por cuestiones de espacio en los libros de texto, se reduce excesivamente este momento lo que resta fortaleza y perdurabilidad a los aprendizajes.

Evaluación

No abordaremos aspectos generales de la evaluación educativa que, como sabemos, comprende diferentes niveles y objetivos. Solo trataremos algunas cuestiones intrínsecas de la evaluación de aprendizajes de Matemática de alumnos de Escuela Media, que realizan los profesores para ajustar el proceso global de avance de sus prácticas y calificar y acreditar los logros individuales.

Según vimos anteriormente a los conceptos hay que formarlos y a las propiedades y procedimientos hay que fundamentarlos y fijarlos. Resta señalar que, para completar el proceso educativo, a todos esos componentes de las actividades de aprender y enseñar Matemática hay que evaluarlos.

A efectos de focalizar y sintetizar los criterios se presenta un punteo de ideas en relación con la tarea evaluativa.

¿Para qué evaluar?
- Para detectar dificultades y logros globales en los aprendizajes de los alumnos.
- Para regular críticamente los procesos de enseñanza y aprendizaje.
- Para mejorar la propia intervención docente.
- Para calificar y, finalmente, promover a cada uno de los alumnos.

¿Cuándo evaluar?
Según el período en que se aplica la evaluación puede ser designada como:
- Inicial (diagnóstica, en los comienzos de un tema o cursado).
- Intermedia (a lo largo de todo el proceso de aprendizaje).
- Sumativa (de síntesis, al final de una etapa educativa o tema, posiblemente integrándolo con otros anteriores).

¿Qué evaluar?
- Conocimiento comprensivo de conceptos/ datos/ propiedades/ notaciones/ simbologías; razonamiento matemático; uso correcto de la lengua (ortografía, redacción).

- Competencia en el uso de procedimientos/ métodos/ técnicas/ habilidades actuativas, asociados a cada tema matemático.
- Responsabilidad en el cumplimiento, en tiempo y forma, de tareas solicitadas/ en la utilización cuidadosa de materiales (carpeta, libro, útiles, calculadora, elementos del colegio)/ en el trato interpersonal (respetuoso, colaborativo).
- Actitud: constancia en el esfuerzo/ participación efectiva en el trabajo áulico/ aceptación de sugerencias/ desarrollo de valores/ honestidad.

¿Cómo evaluar?

A lo largo de todo el proceso educativo, mediante observaciones sistemáticas y análisis de las producciones que se van desarrollando junto con los procesos de enseñanza y aprendizaje.

A ese permanente proceso evaluativo se lo complementa con la realización de pruebas escritas periódicas, realizadas en forma individual.

Estas se concretan empleando instrumentos que:
- Sean preparados por el docente, cada año, ya que replicar pruebas de años anteriores reduce en el estudiante la obligación de prepararse integralmente. En algunos temas basta con solo cambiar algunos coeficientes para tener un nuevo ejercicio, de características semejantes pero distinto.
- Sean diseñados en forma concordante con el grado de avance alcanzado y las estrategias de enseñanza desarrolladas, tanto en lo que hace a los contenidos y las actividades planteadas como a las formas de sus enunciados. Si se toman ejercicios de libros no usados con los alumnos habrá que efectuar adaptaciones al modo y notaciones empleados en clase.

- Tengan las consignas formuladas en los diferentes formatos de lenguaje que hayan sido trabajados (coloquial, gráfico, simbólico, tabular) y también que así se soliciten las respuestas.
- Involucren contenidos conceptuales (definiciones y propiedades) así como procedimientos.
- Puedan ser aprobados por los alumnos que estudian y practican, sin que necesariamente se destaquen por su habilidad e inclinación hacia la disciplina. Estos últimos serán quienes podrán alcanzar notas marcadamente por encima del mínimo de aprobación. Para ello será conveniente que el instrumento evaluativo contenga actividades con diferentes niveles de dificultad y que los puntajes asignados a ellas sean establecidos contemplando este aspecto.
- Requieran diversidad de modos de trabajo:
  - ejecutar procedimientos estándar asociados a los conceptos en tratamiento;
  - resolver situaciones problemáticas en las que se debe interpretar una consigna, modelizar una situación, encontrar estrategias de resolución, integrar nuevos conceptos con anteriores, formular adecuadamente una respuesta;
  - responder preguntas que demanden identificar, recordar o razonar sobre un concepto y sus propiedades;
  - razonar sobre la veracidad o falsedad de afirmaciones sencillas, vinculadas al objeto matemático en tratamiento, no desarrolladas idénticamente en la etapa de enseñanza;
  - cada tanto, y cuando el tema lo permita, podría plantearse una evaluación que pueda ser resuelta sin el uso de calculadora, apuntando a verificar que el alumno es capaz de identificar conceptos y/o realizar cálculos muy básicos vinculados con ellos.

Las evaluaciones así diseñadas proporcionan información que permite regular las estrategias de enseñanza y detectar los logros y dificultades parciales de cada alumno, y avanzar paulatinamente hacia la acreditación de saberes.

Este último aspecto impone una revisión meticulosa de los procedimientos, pasos intermedios, aciertos y errores cometidos por los alumnos, acompañada de una adecuada información escrita de estos aspectos analizados, que le sirva al estudiante para constatar que han sido reconocidos sus logros intermedios, autoevaluarse y seguir aprendiendo.

Es decir, tan importante como el adecuado diseño del instrumento de evaluación es la corrección que se hace del trabajo del alumno y la comunicación que se le transmite al respecto. Instalar instancias de devolución de las pruebas ya corregidas, donde cada error sea identificado y acompañado de pistas o sugerencias escritas para superarlo, permite al alumno consultar desde su propio punto de avance y también sentir que su trabajo está siendo tenido en cuenta, lo que contribuye a generar mayor compromiso de su parte.

Considerar la evaluación en Matemática como parte del proceso educativo (frase muy común en estos tiempos) implica una concepción de la enseñanza que incluye el análisis de los contextos y condiciones en que esta se produce, una constante revisión de lo que sucede y requiere una postura crítica, abierta y voluntariosa del profesor. Si la mayoría de los alumnos no logra trabajar acertadamente en clase con ejercicios de un tema recientemente presentado, deberán buscarse nuevas formas de explicarlo, ejemplificarlo, motivarlo.

Si habiendo trabajado adecuadamente en clase se registra un fracaso generalizado en alguna prueba escrita individual, cabe revisar la coherencia de lo evaluado con lo anteriormente actuado, si se informó oportunamente respecto a las características de la evaluación, la claridad de las consignas, la profundidad de razonamientos pretendida, la pertinencia del tiempo asignado y los criterios de calificación.

Conviene recordar que, en general, el alumno estudia de acuerdo a lo que conoce sobre cómo va a ser evaluado. Si sabe que le será demandado comprender, razonar, explicar o ejemplificar, además de realizar mecánicamente procedimientos resolutorios, entonces tratará de generar esas habilidades conceptuales y cognitivas durante la etapa de estudio resultando su aprendizaje claramente significativo. La vara que mide no sirve solo para medir, sirve también para definir la profundidad del trabajo áulico previo.

El rol del docente

Lo anteriormente expuesto denota claramente que entendemos que recae sobre el docente gran parte de la responsabilidad de que los estudiantes produzcan, transformen, validen y reconozcan los conocimientos matemáticos en las prácticas desarrolladas en la Escuela Media.

Esa responsabilidad del profesor se manifiesta a la hora de jerarquizar contenidos, relevar conocimientos previos, efectivizar coordinaciones verticales y horizontales con colegas de la misma escuela, elegir o confeccionar los materiales áulicos en los que basará la enseñanza, organizar cronogramas de actividades, definir los modos de intervención que ejerza en el trabajo con los alumnos y desarrollar acciones evaluativas con seriedad y ecuanimidad.

A lo anterior, propio del contexto de la actividad áulica escolar, puede sumarse la participación en equipos de trabajo extra-áulicos, ya sea para producir materiales didácticos, para investigar aspectos educativos, para aportar elementos útiles a organismos gubernamentales, para crear y/o sostener el funcionamiento de asociaciones profesionales, etc.

Se sabe que para llevar a cabo esta compleja tarea el profesor pone en juego los elementos adquiridos en su formación docente inicial y en posteriores acciones de capacitación como también su propia experiencia como alumno (biografía escolar) y como docente y la de sus pares, que tanto inciden en las etapas iniciales de la trayectoria laboral.

La formación inicial de profesores debe atender a los numerosos componentes del quehacer docente, brindando los conocimientos básicos que se necesitan para el desarrollo de cada uno de ellos, pero sobre todo generando una actitud profesional, que conlleva constancia en la capacitación, compromiso y seriedad en la acción y el deseo de hacer las cosas bien. Se puede saber mucho o no tanto, pero cuando hay una sana actitud de querer ejercer adecuadamente bien la docencia se lo va logrando paulatinamente, preguntando, escuchando, cotejando, probando, analizando lo actuado, estudiando, ensayando nuevas estrategias, completando lo que aún se percibe como débil, analizando críticamente posturas y propuestas como las vertidas en este libro.

El rol del docente es central en la evolución del sistema educativo y puede resultar altamente significativo para la vida de sus alumnos, incluso más allá de los aprendizajes específicos logrados, dependiendo de cuánto se involucre, cuánto se ocupe, cuánto ofrezca en su tarea.

Resulta muy gratificante honrar la profesión de enseñar Matemática al desempeñarla simultáneamente con entusiasmo y responsabilidad. ¡Gratifiquémonos entonces! No cuesta tanto y vale la pena.

Capítulo III

Propuestas para trabajar en clases de Matemática de la Escuela Media

Propuestas didácticas como posibilidades

En este capítulo se comparten cuatro propuestas de actividades para trabajar con estudiantes de Escuela Media, tres de enseñanza y una de evaluación, que intentan ilustrar las ideas presentadas en los capítulos precedentes. Las mismas abordan contenidos de variadas ramas o ejes -Geometría, Medidas, Números, Operaciones, Funciones, Combinatoria, Estadística, Probabilidad- y de diferentes años. Cabe recordar que cuando se alude a los años escolares es en referencia al esquema de 7 años de primaria y 5 de media, como es el caso de la provincia de Santa Fe.

En la rama de la Geometría se presenta una propuesta que, a través de la exploración, alienta el reconocimiento de la propiedad relativa a la suma de los ángulos[1] interiores de polígonos, particularizando en la medida de cada ángulo de un polígono regular para emplearlo posteriormente en el encuentro con los cinco poliedros regulares convexos.

Otra propuesta didáctica que se comparte es relativa a la construcción del concepto de razón trigonométrica apoyándose

---

1. En este contexto, cuando se alude a "suma de los ángulos" se refiere a "suma de las medidas de los ángulos".

en la noción de semejanza de triángulos rectángulos y empleando como estrategia la resolución de sucesivos problemas que van creciendo gradualmente en complejidad, tanto en lo conceptual como en el registro empleado para su presentación.

También, en el plano aritmético-algebraico, se fomenta la observación de regularidades numéricas y algebraicas para la construcción de las nociones de número combinatorio y binomio de Newton, que conjugan de manera sucinta propiedades numéricas y algebraicas.

Estas tres secuencias no tienen una estructura única (fi ja, estable), aunque podemos reconocer en ellas ciertas características comunes: procuran introducir conceptos de manera gradual y relacional con ideas previas de los estudiantes, contienen comentarios dirigidos al docente –referidos a intenciones, modalidades, posibilidades–, cuentan con instancias de institucionalización, fi jación o ampliación, ejemplifi can con preguntas disparadoras o centrales.

La cuarta propuesta plantea refl exiones e ideas concretas en torno a la evaluación de un tipo particular de contenido, el conceptual, proporcionando diversos modos de implementación ejemplifi cados con temas de todas las ramas de la Matemática y de diferentes años de escolaridad.

Concebimos a estas propuestas como posibilidades que desde la perspectiva de construcción metodológica (Edelstein, 1996) están sujetas a reediciones en manos del profesor en Matemática, quien articulará la lógica de la disciplina, las expectativas del currículum, las condiciones de los estudiantes y las opciones metodológicas de manera peculiar, de acuerdo a lo que considera más apropiado en el marco de las instituciones en las que trabaja. Y es en este sentido que recobra importancia la metáfora del docente compositor (Spiegel, 2006), que piensa en los instrumentos, ritmos y melodías de los que se puede valer para que todos disfruten de la música. Ensayamos, de esta manera, guiones conjeturales (Bombini, 2006) que se aproximan a relatos de lo que podría llegar a acontecer, en parte, en aulas de Matemática, articulando actividades de clase y acciones que van emergiendo entre los sujetos implicados (docentes-alumnos).

Procuramos hacer palpable las ideas de Shulman (1986, 1987) en cuanto a los dos tipos de conocimiento, sustantivo y sintáctico, a la hora de secuenciar y esto con el fin de atender tanto a una enseñanza progresiva de los contenidos matemáticos como a las características de los sujetos que aprenden. Es decir, las decisiones persiguen que el contenido, resguardado en una vigilancia epistemológica subyacente, sea comprensible e interesante para los estudiantes.

Propuesta: "Ángulos interiores de polígonos regulares: cuánto miden y cómo condicionan la existencia de poliedros regulares"[2]

Se presenta una secuencia didáctica para construir un procedimiento de medición de ángulos interiores de polígonos regulares y aplicarlo a la construcción de poliedros regulares convexos, conceptualizando el carácter limitado que conlleva esta última tarea (¡no hay más de cinco!). Se ubica la propuesta en 2° año de la Escuela Media. También se sugieren actividades que podrían complementar esta secuencia para fortalecer los aprendizajes geométricos de los estudiantes.

Se consideran como contenidos previos necesarios las nociones de: ángulo convexo; polígono; polígono regular; ángulo interior de un polígono; diagonal de un polígono; suma de los ángulos interiores de un triángulo.

Suma de los ángulos interiores de un polígono de n lados. Medida de cada ángulo interior de un polígono regular

El docente dibuja varios polígonos en el pizarrón, regulares y no regulares, con diferentes cantidades de lados, entre ellos

---

2. Parcialmente basada en Sgreccia y Massa (2011).

algunos triángulos, rectángulos, cuadriláteros no regulares, pentágonos, hexágonos.

Para refrescar conocimientos previos pregunta: "¿cuáles son los ángulos interiores de estos polígonos?". Puede encomendar a estudiantes que pasen a sombrearlos.

También plantea "¿cuántos ángulos interiores tiene un polígono de 4, 5, 6, ..., n lados?", de respuesta inmediata, y "¿sabemos cuánto mide la suma de los ángulos interiores de un polígono cualquiera?" (marcando en el pizarrón los inicialmente dibujados).

Es de esperar que los alumnos contesten: "en el caso de un triángulo la suma mide 180° y en un rectángulo 360°". El docente acepta estas respuestas y reitera el interés de la pregunta inicial, referida a "un polígono cualquiera".

Para orientar el análisis sugiere ir examinando la situación empleando otros casos, por ejemplo un cuadrilátero (se bosqueja intencionalmente un cuadrilátero cualquiera, es decir, no necesariamente cuadrado o rectángulo o trapecio).

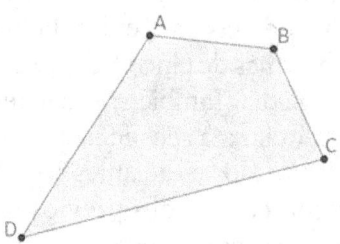

Invita a los alumnos a proponer cómo emplear lo que conocen (respecto a la suma de los ángulos interiores de un triángulo) para hallar la suma de los ángulos interiores de un cuadrilátero.

Escucha las propuestas y sugiere que vean cuántos triángulos "entran" en el cuadrilátero (aludiéndose aquí, aunque sin expresarlo de este modo, a la idea de realizar una triangulación del polígono, que consiste en particionarlo en triángulos de manera tal que la unión de todos ellos sea igual al polígono original, que los vértices de los triángulos sean vértices del polígono original y que los triángulos sean disjuntos entre sí -comparten solo vértices o lados-).

Solicita a los estudiantes que propongan ejemplos de triangulaciones de polígonos, promueve la socialización de las propuestas y luego sintetiza: "esto, por ejemplo, es una triangulación de un polígono":

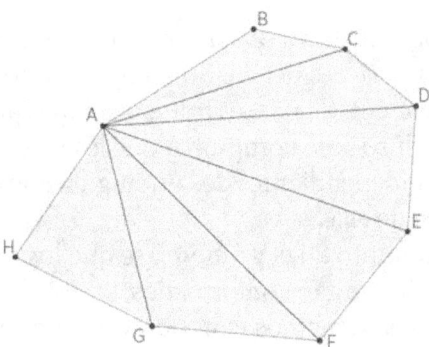

El docente pregunta a los alumnos: "¿qué características, con respecto al polígono, tienen los 'segmentos nuevos' (por ejemplo, AC o AF) que se introducen para obtener este tipo de triangulación?".

Escucha todas las respuestas, inquietudes y posibilidades, llegándose a que se trata de diagonales del polígono. Precisamente, son todas las diagonales del polígono que parten de un mismo vértice (en la figura es el A).

Es así que un cuadrilátero, en este sentido, está compuesto por dos triángulos. Continuando con el ejemplo del cuadrilátero ABCD, estos triángulos pueden ser ABC y ACD, o bien ABD y BCD. Pero siempre son dos los triángulos. El docente pregunta a los alumnos: "¿por qué?".

En dicha argumentación se procura hacer observar que, parados en un vértice del cuadrilátero, se puede trazar un solo segmento para producir la triangulación buscada, delimitándose con la misma dos triángulos.

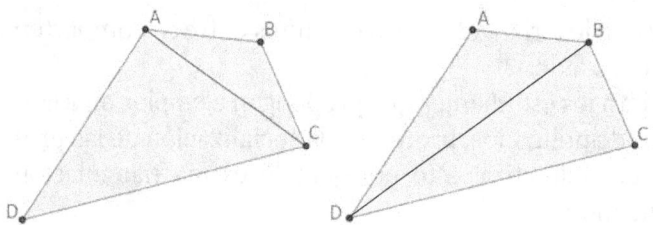

El docente propone: "ahora observemos qué pasa con la suma de los ángulos interiores del cuadrilátero". Algunos estudiantes pueden trabajar con una de las triangulaciones posibles y otros con la otra (incluso para comprobar que los resultados a los que se arribe son independientes de la triangulación). Aquí se ejemplifica con una de ellas.

Se observa en conjunto en el grupo-clase que los ángulos interiores del cuadrilátero están conformados, también, por los ángulos interiores de los triángulos (sin sobrar ni faltar partes). Entendemos que para su cabal comprensión alcanzará con revisar detenidamente la representación gráfica siguiente, sin intentar escribir los nombres de cada uno de los cuatro ángulos interiores del cuadrilátero ni de los seis ángulos interiores de los dos triángulos, ya que podría resultar "pesada" la notación simbólica.

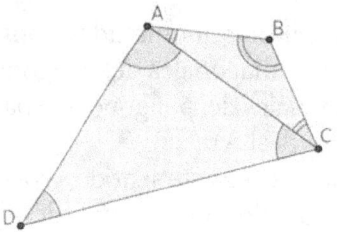

Esta observación es el nudo conceptual en el que corresponde poner más atención, ya que justifica la primera de las siguientes igualdades y, además, es la base de la extensión del razonamiento a polígonos de más lados.

Se concluye, entonces, que la suma de los ángulos interiores del cuadrilátero ABCD resulta ser la suma de los ángulos interiores de los triángulos ABC y ACD. Es decir:

Suma ángulos interiores ABCD = Suma ángulos interiores ABC +
    Suma ángulos interiores ACD
= 180° + 180°
= 2 . 180°
= 360°

El profesor propone: "procedamos a analizar qué sucede en un pentágono. Como en el caso anterior, del cuadrilátero, dibujemos ahora un pentágono cualquiera (no necesariamente regular)".

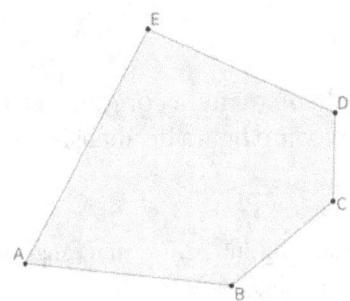

Solicita a los estudiantes que hallen la suma de los ángulos interiores del pentágono ABCDE, sin dar mayores detalles, en principio, del procedimiento para ello.

Se estima que habrá varios alumnos que triangulen el pentágono, es decir, que procedan de manera similar a lo realizado para el cuadrilátero y que también habrá varios que posiblemente necesiten orientación. En este caso el docente les pregunta: "¿en cuántos triángulos se puede descomponer al pentágono?".

Conviene advertir que hay cinco triangulaciones posibles, producidas a partir de ir trazando diagonales desde cada uno de los cinco vértices del pentágono, y que en cada triangulación siempre se obtiene la misma cantidad de triángulos: tres. De hecho ya se cuenta con indicios para sospechar que esta cantidad depende de la cantidad de vértices (o lados) del polígono.

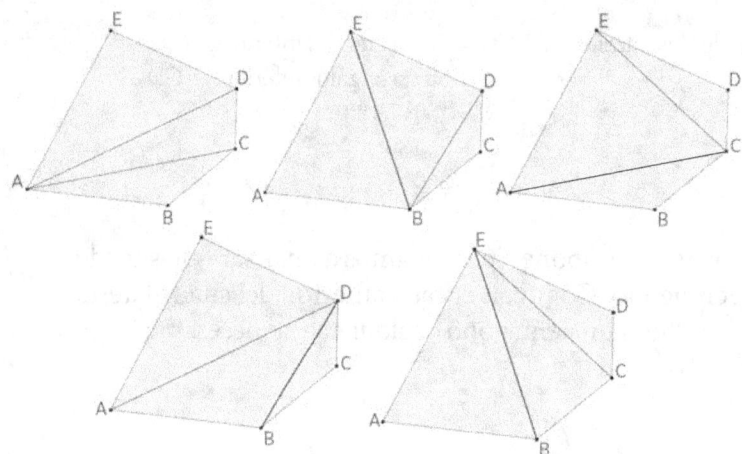

Para seguir trabajando de manera conjunta, se considera una de las triangulaciones como figura de análisis (por ejemplo la primera) y se calcula:

Suma áng. int. ABCDE = Suma áng. int. ABC + Suma áng. int. ACD + Suma áng. int. ADE
= 180° + 180° + 180°
= 3 . 180°
= 540°

El docente interpela: "¿y en un hexágono?". Fomenta que los estudiantes concluyan que se triangula mediante cuatro triángulos y que, por lo tanto, la suma de sus ángulos interiores resulta 4 . 180° = 720°.

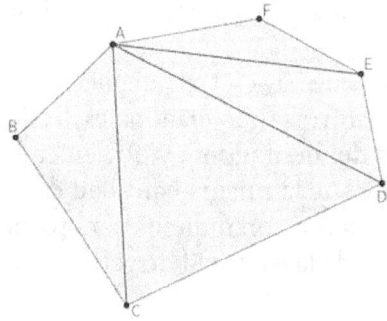

Se considera oportuno registrar, en una tabla, los resultados obtenidos, cuya construcción irá desarrollando el docente junto a los estudiantes, preguntándoles inicialmente: "de todo lo que se fue haciendo, ¿qué es importante registrar?". Se procura consignar:

POLÍGONO	SUMA DE SUS ÁNGULOS INTERIORES
Triángulo (**3** lados)	180º
Cuadrilátero (**4** lados)	2 . 180º = (**4** – 2) . 180º = 360º
Pentágono (**5** lados)	3 . 180º = (**5** – 2) . 180º = 540º
Hexágono (**6** lados)	4 . 180º = (**6** – 2) . 180º = 720º
....	
Polígono de **n** lados	(**n** – 2) . 180º

Llegado este punto el docente señala la generalidad del resultado obtenido y lo destaca, a modo de institucionalización:

"La suma de los ángulos interiores de un polígono de n lados es igual a $(n-2) \cdot 180°$".

Para fijar el resultado plantea ejercicios, donde la fórmula obtenida se emplee en dos sentidos, como los siguientes que presentamos a modo de ejemplo:

Ejercicio 1. ¿Cuánto mide la suma de los ángulos interiores de un dodecágono?

Ejercicio 2. La suma de los ángulos interiores de un polígono mide 1800°. ¿Cuántos lados tiene el polígono?

A continuación interroga: "¿qué sucede, en particular, con los ángulos interiores de un polígono regular?" (procurando recordar que miden lo mismo, ya que son congruentes entre sí).

Luego particulariza: "¿cuánto mide cada ángulo interior de un triángulo equilátero?". Se espera que los alumnos respondan sin mayores inconvenientes "60°", como resultado de dividir 180° (suma de los ángulos interiores) entre 3 (cantidad de ángulos -o lados, o vértices- de un triángulo).

Entonces el docente registra el procedimiento efectuado por los estudiantes, incorporando una columna a derecha en la tabla anterior:

MEDIDA DE CADA ÁNGULO INTERIOR DE UN POLÍGONO REGULAR
180° : 3 = 60°
360° : 4 = 90°
540° : 5 = 108°
720° : 6 = 120°
...
$\dfrac{(n-2) \cdot 180°}{n}$

El profesor solicita a un estudiante que exprese de manera coloquial lo recientemente hallado, como por ejemplo:

"La medida de cada ángulo interior de un polígono regular se obtiene al dividir la suma de sus ángulos interiores por la cantidad de lados del polígono".

En un polígono regular de n lados se tiene que:

$$\text{ángulo interior} = \frac{(n-2) \cdot 180°}{n}$$

Lo registran, en conjunto, por escrito.

Finalizando esta etapa "plana" de la actividad, se proponen ejercicios para aplicar y fijar la fórmula encontrada.

Reconocimiento de los cinco poliedros regulares convexos

Esta parte de la propuesta presupone que los alumnos conocen el concepto de poliedro, algunos poliedros como prismas y pirámides, el concepto de poliedro regular y algunos poliedros regulares como tetraedro y cubo. La intención de la actividad es ayudarlos a comprobar que solo existen cinco poliedros regulares convexos.

El docente solicita a los alumnos que se distribuyan en grupos de tres personas, aproximadamente, para realizar la siguiente actividad.

Como material se emplean piezas plásticas con forma de algunos polígonos regulares (triángulos, cuadrados, pentágonos, hexágonos y heptágonos), todos con la misma medida en los lados, y bisagras para encastrarlas.

También se puede trabajar con poliformas de cartón, con análogas características geométricas que el material anterior, y bandas elásticas.

Además se pueden construir poliedros con otros materiales, como por ejemplo palillos y gomitas (aunque para esta secuencia se sugieren los dos tipos anteriores, para disponer de antemano de los polígonos de las caras).

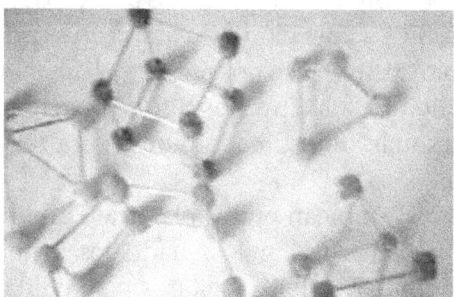

El docente da una consigna oralmente: "con los materiales que les entrego, tienen que armar cuerpos regulares", escribe en el pizarrón: "construir cuerpos regulares" y entrega a cada grupo material suficiente (e incluso excedente) para formar todos los poliedros regulares convexos.

Si los alumnos no recordaran el concepto de "poliedro regular" se puede ayudarlos a recuperar la idea proponiéndoles establecer analogías con el concepto de polígono regular. Para comenzar la construcción basta con que los estudiantes aludan a que los cuerpos regulares tienen todas sus caras iguales siendo estas polígonos regulares.

Cada grupo muestra al resto de la clase todos los cuerpos que formó. Explicita cuáles y cuántos polígonos usó para ello en cada caso. Esta información se va registrando en el pizarrón.

En caso de que entre los cuerpos construidos haya algunos no regulares, el docente señala: "todos estos cuerpos, cuyas caras son polígonos, se denominan poliedros; ahora distingamos los que son regulares" y, tomando un poliedro que no sea regular, va guiando el análisis de las condiciones que fallan.

Un error típico que suele presentarse es suponer que la pirámide de base cuadrada y triángulos equiláteros como caras laterales es regular, ya que está formada por polígonos regulares (cuatro triángulos equiláteros y un cuadrado) e incluso suele considerarse que su base (cuadrado) no es una cara del cuerpo.

También pueden presentarse las siguientes situaciones:
- que se construyan poliedros formados por todas sus caras iguales (polígonos regulares congruentes), pero con cantidad distinta de caras que concurren en cada vértice;
- que se construyan poliedros regulares no convexos (como lo es la estrella de ocho puntas).

Si no surgieran tales situaciones el docente puede mostrarlas como contraejemplos mediante construcciones previamente armadas por él. De este modo se afianza la noción de poliedro regular (destacando que, además de tener caras que son polígonos regulares congruentes, debe satisfacer la condición que en cada vértice converge siempre el mismo número de caras) e introducir la noción de poliedro regular convexo (de interés en este momento): "un poliedro regular convexo es un poliedro regular en el que el segmento que une dos cualesquiera de sus puntos está contenido en el poliedro".

Una vez reconocidos los poliedros regulares convexos, el docente interpela: "¿será posible construir otros poliedros regulares convexos?". Esta pregunta es formulada tanto si los alumnos hubiesen construido o no la totalidad de poliedros regulares convexos.

Los estudiantes retoman las construcciones con el material con la intención de que descubran el carácter finito del conjunto de poliedros regulares convexos. Procurando ayudar a que la experimentación constructiva responda a procesos sistemáticos, que permitan obtener conclusiones, el docente puede orientar la mirada hacia la incidencia de los ángulos interiores de las caras en la posibilidad de construir un poliedro regular.

En este sentido propone pensar:
- por qué pudieron realizar la construcción con algunos polígonos y no con otros;
- por qué con triángulos hay más de una posibilidad de armar poliedros regulares convexos, y no con cuadrados y pentágonos;

y sugiere analizar si es verdad que: "la posibilidad de construcción de poliedros regulares convexos tiene que ver con los ángulos interiores de los polígonos que conforman sus caras".

Podría suceder que los alumnos se centren en las aristas de los cuerpos y no en los ángulos de los polígonos que conforman sus caras, ya que con respecto a los polígonos muchas veces se hace referencia explícita a la cantidad de lados y no tanto a la de ángulos. Es importante que el docente intervenga para orientar el análisis sobre los ángulos interiores que concurren en cada vértice y en particular sobre su suma.

Es momento de transitar de la anterior fase exploratoria a una fase más analítica, que se valga de la actividad manual realizada con elementos concretos y del razonamiento matemático para generalizar y anticipar posibilidades. A tal fin el profesor organiza una secuencia de preguntas intermedias y va registrando en el pizarrón las respuestas de los estudiantes, dando forma al desarrollo del siguiente análisis sintéticamente presentado:
- Con triángulos hay tres opciones factibles de construir un poliedro regular convexo, según concurran tres, cuatro o cinco en cada vértice, ya que con dos triángulos no se llega

a tener un triedro y con seis triángulos concurriendo en un vértice se produce un aplanamiento (pues 60° x 6 = 360°). En la figura de la izquierda, por ejemplo, se arma un ángulo triedro (ô) al unir $\overline{OA}$ con $\overline{OB}$, $\overline{OC}$ con $\overline{OD}$ y $\overline{OE}$ con $\overline{OF}$.

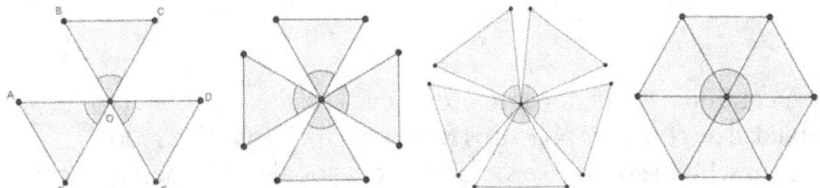

- Con cuadrados hay una sola opción para formar un poliedro regular convexo: tres concurriendo en un vértice. Con un cuarto cuadrado sucede algo similar a seis triángulos concurriendo en un vértice, pues 90° x 4 = 360°.

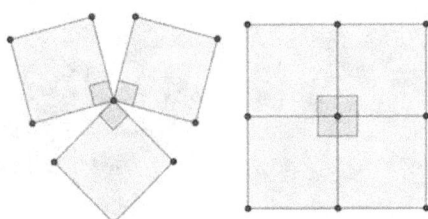

- También con pentágonos regulares hay una sola opción, pues al agregar un cuarto pentágono, no solo que no queda espacio para formar un ángulo tridimensional (aplanamiento, como sucedió con seis triángulos y cuatro cuadrados, en los dos casos anteriores) sino que parte de ese cuarto pentágono se superpone con otro y, en caso de querer generar un cuerpo tridimensional, habría que sacrificar la convexidad.

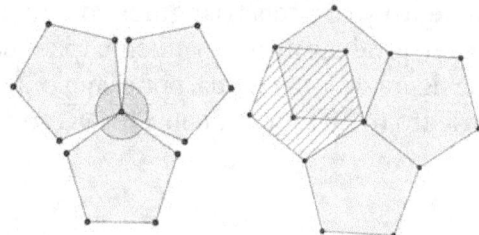

A continuación el docente promueve la reflexión sobre la posibilidad de construir poliedros regulares convexos utilizando hexágonos, heptágonos,... procurando que los alumnos perciban la imposibilidad de "levantar" los polígonos que intentan constituirse en caras de un cuerpo (en la figura se ve con los hexágonos) o de hacerlo pero "sacrificando" la convexidad (en la figura se ve con los heptágonos).

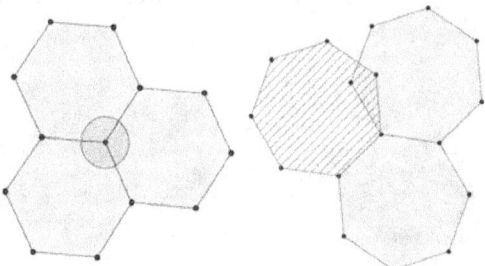

Luego el profesor solicita que en forma individual indiquen la cantidad de poliedros regulares convexos, que sinteticen sus características y que argumenten por qué no hay más. Se realiza una puesta en común, donde varios alumnos leen sus propios escritos.

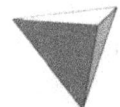 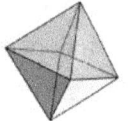   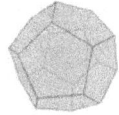

Este momento es propicio para que, en el grupo-clase, se revise lo registrado en el pizarrón. Se analiza la información escrita y se borra la que no corresponde a poliedros regulares convexos (señalándose los motivos).

Posteriormente el docente propone organizar en forma sintética la información. Para ello solicita completar la siguiente tabla, indicando que se ordene en forma ascendente según la cantidad de lados de cada cara (triángulo, cuadrado, pentágono). A medida que se va completando cada fila, el docente presenta los nombres de cada uno de los poliedros regulares convexos.

Esta tabla completa resulta (representando con "P" poliedro regular convexo y con "C" polígono que es una cara de P):

Forma de C	Medida de cada ángulo interior de C	Cantidad de caras (o aristas) que inciden en cada vértice de P	Suma de los ángulos interiores de las caras que concurren en cada vértice de P	Cantidad de caras que forman P	Nombre de P
Triángulo equilátero	60º	3	3 . 60º = 180º	4	Tetraedro
Triángulo equilátero	60º	4	4 . 60º = 240º	8	Octaedro
Triángulo equilátero	60º	5	5 . 60º = 300º	20	Icosaedro
Cuadrado	90º	3	3 . 90º = 270º	6	Hexaedro
Pentágono regular	108º	3	3 . 108º = 324º	12	Dodecaedro

Otras posibles actividades para continuar el trabajo

❖ *Símbolo de Schäfli.* El docente comenta que un poliedro regular también puede ser identificado por su símbolo de Schäfli. Este símbolo es de la forma $\{n, m\}$, donde n es el número de lados en una cara y m el número de caras que se encuentran en un vértice. El docente plantea: "por ejemplo, el tetraedro está caracterizado por el símbolo {3, 3}. ¿Qué símbolo Schläfli le corresponde a cada uno de los restantes poliedros regulares convexos?". Solicita a los alumnos que a la tabla anterior le adicionen una columna, resultando:

Símbolo de Schläfli
{3, 3}
{3, 4}
{3, 5}
{4, 3}
{5, 3}

Luego el profesor procura generar la inquietud: "¿Pueden existir poliedros regulares con los siguientes símbolos de Schläfli: {3, 6}; {4, 5}; {5, 5}? ¿Por qué?".

❖ *Sólidos platónicos.* El docente comenta: "A los poliedros regulares convexos también se los conoce como sólidos platónicos. Averigüen por qué". También solicita a los alumnos que indaguen sobre las aplicaciones de estos cuerpos en otras ciencias y/o en situaciones de la vida cotidiana. En la clase siguiente se dialogará sobre la información que cada grupo aporte sobre lo averiguado.

La intención es que se puedan tratar en clase algunos aspectos históricos pintorescos que "humanizan" el conocimiento matemático, tales como:

> *A los cinco poliedros regulares convexos también se los llama sólidos platónicos, en honor a Platón (siglo IV a.C.) que los cita en el Timeo, pero lo cierto es que no se sabe en qué época llegaron a conocerse. Algunos investigadores asignan el cubo, tetraedro y dodecaedro a Pitágoras (582-507 a.C.) y el octaedro e icosaedro a Teeteto (415-369 a.C.).*

Según Platón:

*"La **tierra** debe tener la forma del **cubo**, el sólido más estable de los cinco".*

*"El **fuego** tiene la forma del **tetraedro**, pues el fuego es el elemento más pequeño, ligero, móvil y agudo".*

*"El **aire**, de tamaño, peso y fluidez en cierto modo intermedios, se compone de **octaedros**".*

*"El **agua**, el más móvil y fluido de los elementos, debe tener como forma propia, o semilla, el **icosaedro**, el sólido más cercano a la esfera y, por tanto, el que, con mayor probabilidad, puede rodar fácilmente".*

*El **dodecaedro** fue el último poliedro regular descubierto y los griegos ya tenían asignados los cuatro elementos. Fue así que lo relacionaron con el **Universo** como conjunción de los otros cuatro: Dios lo utilizó para todo cuando dibujó el orden final. "Es la forma que los dioses emplean para disponer las **constelaciones** en los cielos".*

❖ *Relación 2d-3d*. El desarrollo de un poliedro es una figura plana –a veces denominada plantilla– conformada por todas las caras del poliedro y que permite construirlo al plegar por los bordes de cada una de las caras. El docente propone construir en cartulina las siguientes plantillas y armar los sólidos platónicos.

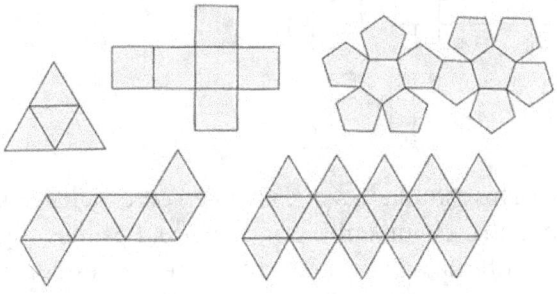

Luego invita a explorar las posibilidades de realizar otros desarrollos (ubicando de distintas maneras cada polígono componente) para la construcción de los poliedros regulares, con la intención de descubrir que no será igualmente útil cualquier disposición de las caras para armar el sólido por plegado.

❖ *Hexaminós*. En general, se llaman poliminós a las formas que se obtienen juntando cuadrados lado a lado. Fueron presentados al mundo matemático en 1954 por Golomb (profesor de Ingeniería y Matemática en la Universidad del Sur de California). Con ellos se hacen pasatiempos muy populares y apasionantes. A continuación se muestran los 35 hexaminós (poliminós de seis cuadrados) esencialmente diferentes que hay.

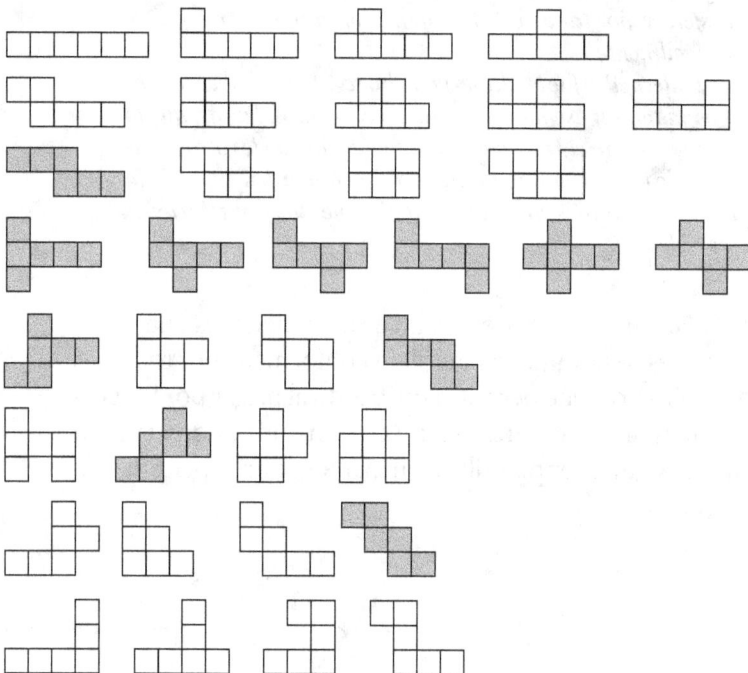

Se propone a los estudiantes que analicen con cuáles hexaminós puede construirse un cubo por plegado. Posibles sugerencias para orientar la exploración: que intenten encontrar razones que les permitan descartar grupos de hexaminós (por ejemplo, "no serán desarrollos de un cubo aquellos hexaminós que tengan un vértice en el que concurran cuatro cuadrados"); que el docente dé una idea del orden de la respuesta (por ejemplo, "cerca de la tercera parte"), la cual es 11 (los sombreados más oscuros).

• *Simulación digital y visualización.* También se pueden utilizar algunos de los software de geometría 3d (como Archimedes Geo3D, Cabri 3D, GeoGebra 5.0, Geometria, GeomSpacce, Géospace, GEUP 3D, Sterizium) para avanzar en la visualización de los cuerpos. En la figura (realizada con Cabri 3D), por ejemplo, se muestra la construcción de un cubo "levantándolo" y plegando a partir de su desarrollo plano.

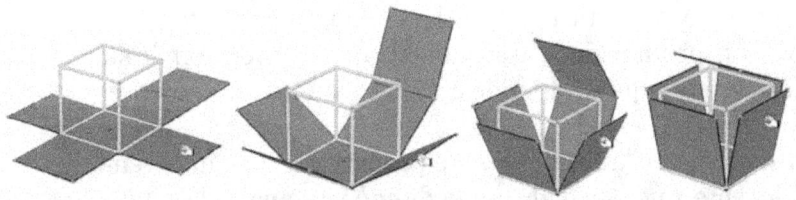

En términos generales y para cerrar esta propuesta, de reconocimiento de los poliedros regulares convexos, deseamos expresar que creemos que actividades de este tipo trascienden la mera acción de manipular un recurso (concreto o digital). Las bondades de la geometría dinámica (llevada a la práctica tanto con software como con manipulativos tangibles) se manifiestan en el desarrollo de habilidades matemáticas tales como la construcción, observación, conjetura, descubrimiento, constatación, justificación, a través de propuestas de actividades orientadas a ello. El estudio de la geometría tridimensional ofrece un valioso caudal para la promoción de la visualización espacial, capacidad requerida tanto en la vida cotidiana como en estudios superiores.

Particularmente en instancias de formación docente, inicial o continua, se considera interesante analizar con los estudiantes aspectos de la propuesta anterior tales como: beneficios que proporciona al aprendizaje el diseño y construcción de poliedros regulares en el aula y, más en general, la importancia de la enseñanza de Geometría 3d.

Propuesta: "Construcción del concepto de razón trigonométrica tangente a través de la resolución de problemas"[3]

Se emplea la resolución de problemas como recurso de aprendizaje que interviene desde el comienzo del proceso de generación de un concepto matemático. Mediante su implementación se involucran en el aprendizaje aspectos en los cuales se basa la Matemática para su desarrollo, crecimiento y formalización, promoviéndose así una mejor comprensión de su esencia, a la vez que se atiende a un importante ingrediente: la motivación.

Esta forma de trabajo requiere de una constante intervención docente, que está dada por el diseño y la guía de la actividad, contemplando la selección y elaboración adecuada de los problemas, con su puesta en acción en el aula.

Se trabaja la introducción del concepto "razones trigonométricas" en la Escuela Media (2° o 3° año). Para encarar adecuadamente la segunda actividad propuesta el alumno deberá conocer la proporcionalidad que hay entre las medidas de los lados de triángulos semejantes (no necesariamente criterios de semejanza, solo el concepto). La actividad se centra en el tratamiento inicial de la noción de "tangente de un ángulo", considerando que luego podrán presentarse las restantes razones trigonométricas de manera similar, tal vez un poco más rápidamente dado que aquel concepto actuaría como inclusor, facilitando la incorporación de los nuevos.

Se apuesta al trabajo del alumno, con orientación e institucionalización por parte del docente, tomando como modalidad de trabajo la resolución de problemas sencillos, abordables, reales, de complejidad ligeramente creciente y claras intenciones didácticas y propedéuticas.

Resulta importante que el docente supervise que cada alumno registre por escrito los razonamientos que sustentan

---

[3]. Parcialmente basada en Petrone, Contreras, Mascó y Sgreccia (2010).

sus resoluciones, aún tratándose de ideas simples, para asegurar que vaya construyéndose en la carpeta un guión organizado del crecimiento gradual del tema.

Particularmente se trata de siete problemas, que se desarrollan a continuación.

Los Problemas 1 y 2 van generando el concepto de que la razón o cociente entre las medidas de los catetos opuesto y adyacente a un ángulo agudo de un triángulo rectángulo resulta de utilidad para calcular la medida de un cateto cuando se conoce la del otro. El dato del cociente adopta diferentes formatos: comienza dado en forma coloquial (Problema 1) y luego es dado en forma numérica (Problema 2-a). En el Problema 2-b se hace notar la necesidad de calcular el cociente en estudio por triángulos semejantes y de discutir formas prácticas de concretar dicho cálculo.

Problema 1
a) **Se ha medido la sombra del Obelisco de la ciudad de Buenos Aires en un momento en que se conoce que las sombras miden el doble de las alturas de los objetos que las proyectan. Si esa sombra es de 135 metros, ¿cuánto mide la altura del Obelisco?**
b) **La sombra del Monumento a la Bandera (Rosario) mide 25 metros en el momento en que se sabe que cualquier sombra mide la tercera parte de la longitud del objeto que la proyecta. ¿Cuál es la altura del Monumento a la Bandera?**

El docente solicita a los estudiantes que representen las dos situaciones mediante esquemas gráficos que contribuyan a organizar las resoluciones. Interviene oportunamente para favorecer la construcción de representaciones como las siguientes:

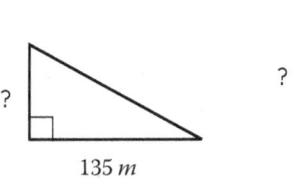
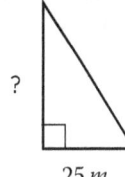

y también supervisando y/o propiciando la emergencia de razonamientos como los siguientes:

- Si la sombra mide el doble de la altura entonces la altura mide la mitad de la sombra, por lo que la altura del Obelisco es igual a 135 *m* : 2 = 67,50 *m*.
- La altura del Monumento a la Bandera resulta igual al triple de la medida de su sombra, o sea 25 *m* . 3 = 75 *m*.

Problema 2
a) La sombra de un edificio en construcción mide 40 metros y el arquitecto nos contó que, en ese momento, la razón o cociente entre la altura del edificio y la medida de su sombra vale 0,72. ¿Cuál es la altura actual del edificio?
b) Junto al edificio de la parte a) hay un árbol cuya sombra, en ese mismo momento, mide 15,40 metros. ¿Puede calcularse la altura del árbol?

Para la situación a), el docente interpela: "la situación que se presenta, ¿es semejante a las del Problema 1?, ¿los datos están planteados de igual manera?".

En función de las respuestas, el profesor irá proponiendo paulatinamente consignas tales como: "nuevamente esbocen un gráfico de la situación, escriban en forma simbólica la relación informada por el arquitecto, reemplacen en ella los datos".

Se espera que se llegue a plantear y registrar algo parecido a:

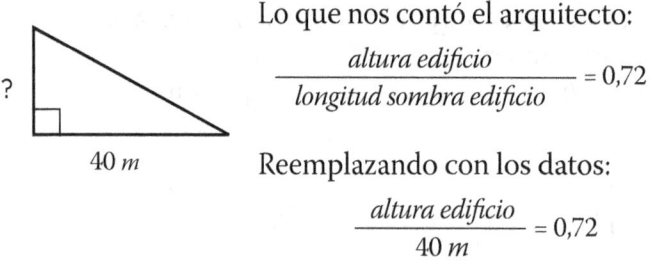

Lo que nos contó el arquitecto:

$$\frac{altura\ edificio}{longitud\ sombra\ edificio} = 0,72$$

Reemplazando con los datos:

$$\frac{altura\ edificio}{40\ m} = 0,72$$

Entonces: *altura edificio* = 0,72 . 40 *m* = 28,8 *m*

En la parte b) se intenta guiar con intervenciones del tipo: "si la sombra del árbol fue medida en el mismo momento que la del edificio, ¿podemos tomar el dato de la razón 0,72 como válido también para este caso?, ¿por qué?". Se sugiere que grafiquen la situación y que piensen en el ángulo que forman los rayos del sol con el piso en cada caso: "¿cómo son entre sí?, ¿cómo resultan los triángulos?, ¿qué relación hay entre sus lados?".

Se procede a resolver la parte b) del problema.

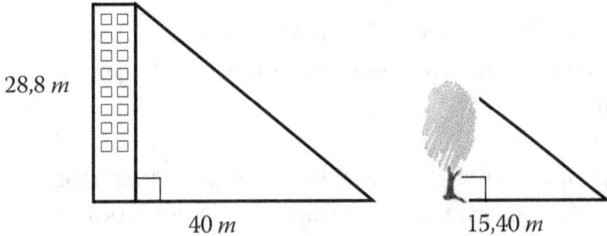

Como los triángulos son semejantes, entonces se puede escribir:

$$\frac{\text{altura árbol}}{\text{longitud sombra árbol}} = \frac{\text{altura edificio}}{\text{longitud sombra edificio}} = 0{,}72$$

$\dfrac{\text{altura árbol}}{15{,}40\ m} = 0{,}72$ Entonces: altura árbol = 0,72 . 15,40 m = 11,088 m

En este momento resulta oportuno realizar una institucionalización de lo visto hasta ahora.

¿Qué aprendimos mediante los Problemas 1 y 2? Si conocemos la medida de la sombra de un objeto y también el cociente entre su altura y la medida de la sombra podemos calcular la altura del objeto.

Esquemáticamente:

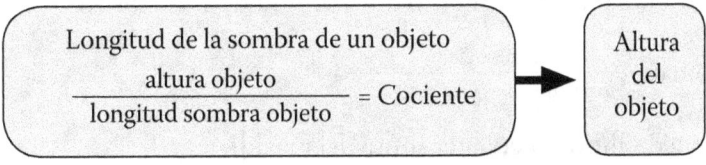

Conviene plantear algunos ejercicios semejantes a los Problemas 1 y 2, para ir fijando las ideas, antes de abordar la situación siguiente.

El Problema 3 permite abordar aspectos históricos de la evolución de estos conceptos (al vincularlos con procedimientos similares atribuidos a Thales de Mileto) e introducir formalmente el concepto de *tg* α y su obtención con calculadora.

Problema 3
Queremos conocer la altura del mástil de la escuela. Su sombra, en este momento, es de 18,75 metros. Teniendo solo este dato, ¿podemos calcular su altura?

El docente propone que grafiquen la situación y posteriormente va indagando: "¿es esta situación similar a la del árbol del problema anterior?, ¿por qué solo con el dato de la sombra no es posible calcular la altura del mástil?, ¿qué podemos hacer para obtener el cociente que falta?".

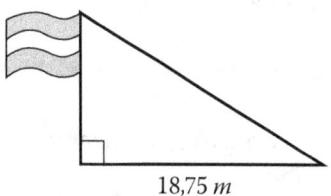

18,75 *m*

Pueden surgir ideas diversas que el profesor organiza induciendo la necesidad de contar con un objeto del cual se puedan medir su altura y su sombra fácilmente, por ejemplo una estaca, un paraguas, una regla de madera para pizarrón. Hecho esto, propone esquematizar la situación para visualizar cómo resolverla. A modo de ejemplo, supongamos que una estaca de 1 metro proyecta en ese momento una sombra de 1,25 metros.

Entonces $\dfrac{altura\ estaca}{longitud\ sombra\ estaca} = 0,8$.

¿Se puede ahora calcular la altura del mástil?

Así, el razonamiento a fomentar es del tipo:

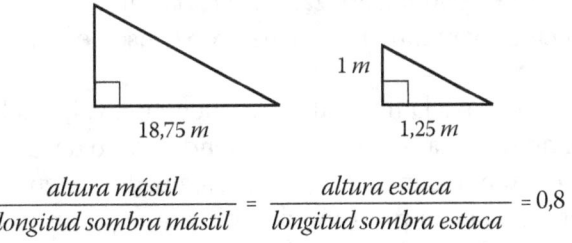

$$\frac{\text{altura mástil}}{\text{longitud sombra mástil}} = \frac{\text{altura estaca}}{\text{longitud sombra estaca}} = 0,8$$

$\frac{\text{altura mástil}}{18,75\ m} = 0,8$ Entonces: altura mástil = $0,8 \cdot 18,75\ m = 15\ m$

A efectos de avanzar en la comprensión del fenómeno en estudio, y preparando el terreno para la construcción del nuevo concepto que está por surgir, el docente plantea: "hace tres horas se midió la sombra de un árbol y esta era de 3,2 metros. ¿Se puede calcular la altura de este árbol usando los datos que se tienen, en este momento, de la altura de la estaca y su sombra?". Luego pregunta: "¿por qué antes sí pudimos usar ese dato?".

Espera que los alumnos perciban que esto se debe a que el ángulo que formaban los rayos del sol con el piso hace tres horas no era el mismo que el que forman en este momento.

El docente ayuda a tomar conciencia de que, entonces, la razón buscada depende del ángulo que forman los rayos del sol con el piso.

Simplificando los esquemas del problema anterior y empezando a emplear lenguaje y simbología matemáticos, se observa que si dos triángulos rectángulos tienen un mismo ángulo agudo α entonces la razón o cociente entre sus catetos opuesto y adyacente es la misma. Esa razón recibe el nombre de "tangente de α" y se simboliza así: $tg\ \alpha$.

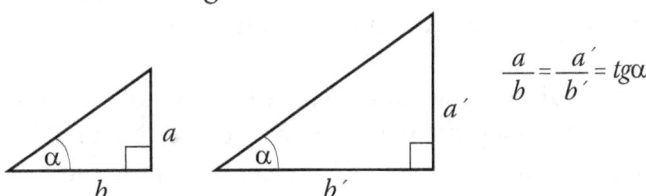

Comenta: "esa razón, para un ángulo α dado, se encuentra en cualquier calculadora científica utilizando la tecla tan ". Se realizan algunos cálculos para tomar confianza con el uso de la calculadora.

El Problema 4 motiva la necesidad de calcular el valor del cociente, con el que se está trabajando, teniendo como dato el ángulo agudo y contando con el uso de una calculadora científica. Permite reforzar la comprensión del concepto $tg\,\alpha$, introducido a partir del Problema 3.

Problema 4
Cuando los rayos del sol forman con el piso un ángulo de 65° la sombra del mástil de la escuela mide 3,45 metros. ¿Cuál es la altura del mástil?

Se orienta a los alumnos para que logren concretar planteos y resoluciones con características semejantes a:

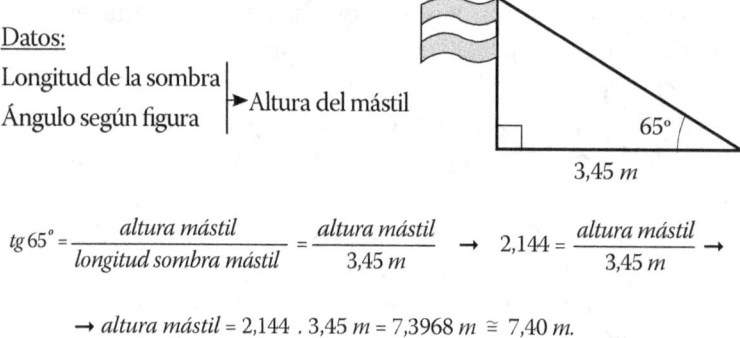

$$tg\,65° = \frac{altura\ mástil}{longitud\ sombra\ mástil} = \frac{altura\ mástil}{3,45\ m} \rightarrow 2,144 = \frac{altura\ mástil}{3,45\ m} \rightarrow$$

$$\rightarrow altura\ mástil = 2,144 \cdot 3,45\ m = 7,3968\ m \cong 7,40\ m.$$

Llega otro momento propicio de institucionalización, expresando las ideas trabajadas en lenguaje matemático.

¿Qué aprendimos hasta ahora? Si de un triángulo rectángulo conocemos la longitud del cateto adyacente a un ángulo α y la medida de α entonces podemos calcular la longitud del cateto opuesto a α empleando $tg\,\alpha$.

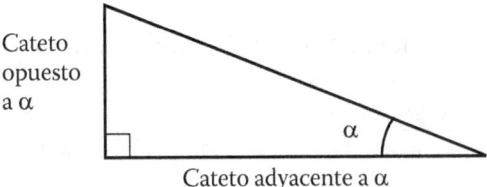

Esquemáticamente:

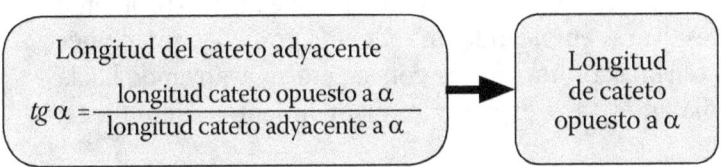

A esta altura resulta conveniente plantear nuevos ejercicios para la fijación y también señalar que es habitual reducir un poco la precisión en el lenguaje empleado, en tanto se comprenda la idea. En este sentido cabe mencionar que brevemente suele decirse $tg\,\alpha = \dfrac{cateto\ opuesto}{cateto\ adyacente}$ dándose por sobreentendido que las posiciones de los catetos están referidas al ángulo α y que al hablar de "cateto" se trata en realidad de su longitud o medida. El Problema 5 favorece la reflexión relativa al uso de $tg\,\alpha$ en dos casos: según que el dato sea el cateto opuesto o el adyacente a α, siendo la incógnita el otro cateto.

Problema 5
La altura de un acantilado es de 46 metros. ¿Cuántos metros mide su sombra sobre el mar cuando los rayos del sol forman con la horizontal un ángulo de 38°?

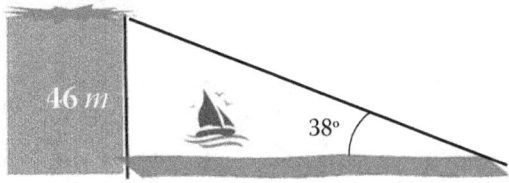

Se prevé el siguiente planteo por parte de los alumnos:

$$tg\, 38° = 0{,}7812 = \frac{altura\ acantilado}{longitud\ sombra\ acantilado} = \frac{46\ m}{longitud\ sombra\ acantilado}$$

$$longitud\ sombra\ acantilado \cong \frac{46\ m}{0{,}78} \cong 58{,}87\ m$$

El docente interviene señalando que este mismo problema podría resolverse empleando un esquema gráfico y notaciones que agilicen la escritura, y que es conveniente ir avanzando hacia esta forma sintética de expresar los razonamientos. Ejemplifica:

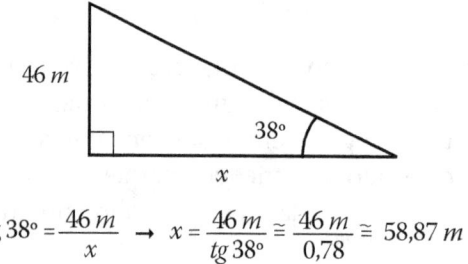

$$tg\, 38° = \frac{46\ m}{x} \;\rightarrow\; x = \frac{46\ m}{tg\, 38°} \cong \frac{46\ m}{0{,}78} \cong 58{,}87\ m$$

¿Qué aprendimos hasta ahora? Si conocemos la medida de un ángulo agudo α de un triángulo rectángulo y la medida de alguno de sus catetos entonces podemos calcular la medida del otro cateto, empleando el valor de *tg* α provisto por una calculadora.

Esquemáticamente:

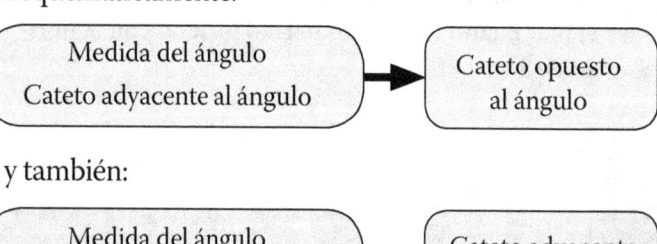

y también:

| Medida del ángulo
Cateto opuesto al ángulo | → | Cateto adyacente al ángulo |

Se proponen y resuelven algunos ejercicios para afianzar las dos posibilidades.

El Problema 6 incorpora el uso del Teorema de Pitágoras para el cálculo de medidas de lados. Además, su formato actúa como un puente entre el registro semi-coloquial de los anteriores problemas y el registro gráfico-simbólico que predomina en este, constituyendo un nexo entre los problemas "reales" y los "matemáticos".

Problema 6
Se sabe que en el triángulo $A\hat{B}C$ de la figura es $\overline{BC} = 3\,m$. Calcular las medidas de los segmentos $\overline{AC}$ y $\overline{AB}$.

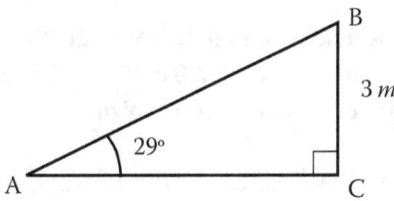

El docente procura que los razonamientos de los alumnos se plasmen por escrito en un formato semejante al siguiente:

$$tg\,29° = \frac{\overline{BC}}{\overline{AC}} = \frac{3\,m}{\overline{AC}} \rightarrow 0{,}554 = \frac{3\,m}{\overline{AC}} \rightarrow$$

$$\rightarrow \overline{AC} \cdot 0{,}554 = 3\,m \rightarrow \overline{AC} = \frac{3\,m}{0{,}554} \rightarrow \boxed{\overline{AC} = 5{,}415\,m}$$

Por el Teorema de Pitágoras:
$$\overline{AB}^2 = \overline{AC}^2 + \overline{BC}^2 \rightarrow \overline{AB}^2 = (5{,}415\,m)^2 + (3\,m)^2 \rightarrow$$

$$\rightarrow \overline{AB}^2 = 38{,}32\,m^2 \rightarrow \boxed{\overline{AB} = 6{,}19\,m}$$

Otro momento de institucionalización:

¿Qué aprendimos hasta ahora? Si en un triángulo conocemos la medida de un ángulo agudo α y la de alguno de sus catetos entonces podemos calcular la medida de los otros dos lados, empleando el valor de $tg\,\alpha$ y el Teorema de Pitágoras.

Esquemáticamente:

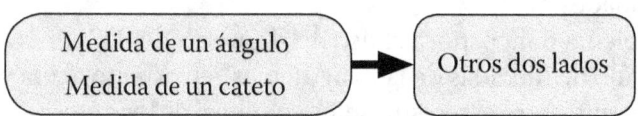

Luego de practicar un poco lo anterior se estará en condiciones de abordar un nuevo aspecto planteado a través del Problema 7: cálculo de la medida de un ángulo a partir del valor de su tangente, introduciendo la noción de la función inversa de la tangente y usando la calculadora.

Problema 7
La antena de transmisión de un canal de TV mide 200 metros de altura y su sombra al mediodía mide 35,20 metros. ¿Qué ángulo forman en ese momento los rayos del sol con el piso?

El profesor propone realizar un esquema gráfico que fortalece la etapa de comprensión del problema y facilita su análisis.

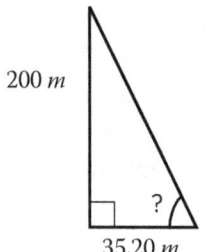

Si se nombra con α al ángulo buscado se puede plantear:

$$tg\,\alpha = \frac{200\,m}{35{,}20\,m} = 5{,}681$$

El docente señala que la calculadora científica también permite, conocida la razón entre los catetos opuesto y adyacente, conocer el ángulo α que forman la hipotenusa y el cateto adyacente a α. Para ello se utiliza la función llamada "inversa de la tangente" que requiere de una combinación de teclas en la calculadora: Inv y tan . Así, para calcular la medida del ángulo α del Problema 7 se emplea la siguiente secuencia de teclas y datos numéricos:

$\boxed{\text{Inv}}\ \boxed{\tan}\ 5{,}681\ \boxed{=}\ \rightarrow\ $ medida del ángulo $\alpha\ \rightarrow\ \alpha \cong 80°$

Se practica con varios números.

Llegado este momento resulta oportuno que el docente, interactuando con sus alumnos, sintetice los conceptos y procedimientos que se fueron introduciendo a partir de las distintas actividades. Se trata de que esta síntesis esté conformada por una mirada integradora de los momentos de institucionalización parciales de la secuencia (indicados con "¿Qué aprendimos…?"), constituyéndose así en un resumen globalizador que sirve al alumno para afianzar los conocimientos alcanzados. La intención es que este resumen se genere a partir de un diálogo o puesta en común de los aprendizajes que se han ido adquiriendo, donde además pueden emerger errores que requerirán un trabajo destinado a superar las eventuales dificultades implicadas.

Las conclusiones deberían registrarse por escrito, utilizando variedad de registros de representación (coloquial, gráfico y simbólico), como se ha intentado ir desplegando en el desarrollo de la propuesta.

La poco habitual idea de entrar al tema Trigonometría construyendo la noción de "*tg* α" se basa en la comodidad de plantear inicialmente situaciones problemáticas sencillas que vinculan alturas de objetos y medidas de sus sombras.

A partir de la comprensión del concepto de esta razón trigonométrica y de la adquisición de destrezas para su cálculo y aplicación en resolución de problemas, será relativamente sencillo introducir y afianzar las nociones y uso de *sen* α y *cos* α, de naturaleza epistémica semejantes.

Los libros de texto traen variedad de ejercicios y problemas relacionados con Trigonometría, muchos de las cuales dan una idea simplificada de las numerosas situaciones reales en las que es utilizado el tema. De ellos pueden tomarse actividades para ejercitar.

Propuesta: "Algunas cuestiones algebraicas"

En esta ocasión, el título dado a la propuesta no devela el "misterio" habitual en la clase de Matemática cuando se comienza algún tema nuevo: ¿qué vamos a hacer ahora?, ¿cómo se llama esto?, ¿para qué sirve?, ¿es difícil?

Atendiendo a una modalidad constructiva no presentamos una teoría ya acabada, con un nombre inicial que preanuncia de qué se tratará y crea, muchas veces, estados emocionales inicialmente negativos en los alumnos ("no va a gustarme este tema", "me va a costar entenderlo", "escuché que esto es difícil", etc.). Por el contrario, se remeda la situación del científico que explora situaciones y va observando en sus avances resultados interesantes que lo llevan a preguntas nuevas y más profundas. Consideramos que esta forma de trabajo tiene un efecto muy positivo en la motivación de los estudiantes por ir alcanzando nuevos resultados a partir de su propio hacer, siempre organizados y guiados por la acción del docente.

El profesor comienza proponiendo: "vamos a practicar un poco cómo efectuar productos de expresiones algebraicas especiales, en particular trabajaremos con potencias de binomios".

Debe asegurarse que se reconoce el alcance de la palabra "binomio" (expresión algebraica de dos términos) y los elementos inherentes a la "potencia" (base, exponente).

Se plantea a los alumnos que escriban en forma de suma cada una de las siguientes potencias:

$$(a+b)^2, (a+b)^3, (a+b)^4, (a+b)^5 \text{ y } (a+b)^6$$

- Conviene hacer notar que una potencia es un producto, por tanto, las expresiones anteriores están dadas "en forma de producto".
- Suele emplearse la expresión "desarrollar" para expresar la idea de "escribir en forma de suma". Si está suficientemente clara la equivalencia entre ambas expresiones no habría problemas en utilizar la primera, si no, es preferible

enfatizar el trabajo que se está encarando mediante la segunda.
- Se puede aceptar que $(a+b)^2$ y $(a+b)^3$ sean escritas recordando las expresiones del cuadrado y cubo de un binomio de memoria. Si no las recuerdan, o no las habían trabajado anteriormente, pueden obtenerlas por aplicación de la propiedad distributiva del producto respecto a la suma.
- Pueden surgir diferentes formas de trabajo, todas pueden ser aceptadas. Por ejemplo: desarrollar $(a+b)^4$ efectuando el producto $(a+b)^2 \cdot (a+b)^2$ o bien $(a+b)^3 \cdot (a+b)$.

Una vez que se han obtenido y corregido las 5 expresiones desarrolladas de las potencias, el docente las escribe a todas en el pizarrón, de ser posible una debajo de la otra. Conviene incorporar la potencia de exponente igual a 1, para favorecer el trabajo que sigue. Se tendrá entonces:

$$(a+b)^1 = a+b$$
$$(a+b)^2 = a^2 + 2ab + b^2$$
$$(a+b)^3 = a^3 + 3a^2b + 3ab^2 + b^3$$
$$(a+b)^4 = a^4 + 4a^3b + 6a^2b^2 + 4ab^3 + b^4$$
$$(a+b)^5 = a^5 + 5a^4b + 10a^3b^2 + 10a^2b^3 + 5ab^4 + b^5$$
$$(a+b)^6 = a^6 + 6a^5b + 15a^4b^2 + 20a^3b^3 + 15a^2b^4 + 6ab^5 + b^6$$

Como se dijo, conviene que todas las expresiones sean escritas por el docente en el pizarrón y que cada potencia quede escrita en un solo renglón, ya que esa organización visual, con una misma letra clara, contribuirá a facilitar el proceso que se inicia a continuación de búsqueda guiada de regularidades. Inclusive podría el docente distribuir papelitos donde figuren los seis desarrollos anteriores impresos, para que los alumnos los peguen en sus carpetas, así se podría ganar tiempo pero sobre todo prolijidad para encarar las actividades siguientes.

El docente señala que lo que se ha estado calculando responde siempre al formato $(a+b)^n$, para diferentes valores del exponente n. A continuación irá efectuando, una a una, las siguientes preguntas, de manera oral, y guiará la discusión de las respuestas hasta que se produzca un consenso general.

Resultará muy efectivo, para lograr los aprendizajes buscados, que las respuestas correctas sean luego escritas claramente en el pizarrón y copiadas por los alumnos en sus carpetas.

Pregunta 1:
¿Qué se observa en relación con la cantidad de términos de cada potencia?

Las respuestas obtenidas pueden organizarse bajo el formato de tabla:

Exponente n	Cantidad de términos de $(a+b)^n$
1	2
2	3
3	4
4	5
5	6
6	7
...	...
n	$n+1$

Se concluye que:

Siempre hay un término más que el número que es el exponente.

Pregunta 2:
¿Cómo son los exponentes de las potencias de a que aparecen en cada término?

Consecutivos, descendentes, desde n hasta 0 (por supuesto, en el formato en que está escrito).

Pregunta 3:
¿Cómo son los exponentes de las potencias de b que aparecen en cada término?

    Consecutivos, ascendentes, desde 0 hasta n (ídem pregunta anterior).

Pregunta 4:
¿Cuánto suman los exponentes de las potencias de a y b que aparecen en cada término?

    Siempre suman n.

Pregunta 5:
¿Cuánto valen los coeficientes de a^n en cada expresión?

    Siempre valen 1.

Pregunta 6:
¿Cuánto valen los coeficientes de b^n en cada expresión?

    Siempre valen 1.

Pregunta 7:
¿Cuánto valen los coeficientes de los términos donde aparecen $a^{n-1}.b$ y $a.b^{n-1}$?

    Siempre valen n.

Pregunta 8:
En base a las anteriores observaciones, ¿qué podríamos adelantar respecto al formato del desarrollo de $(a+b)^7$? ¿Y de $(a+b)^{12}$? Escribir todo lo que ya "sepamos" y dejar en blanco la información faltante.

$$(a+b)^7 = a^7 + 7a^6b + \square a^5b^2 + \square a^4b^3 + \square a^3b^4 + \square a^2b^5 + 7ab^6 + b^7$$

$$(a+b)^{12} = a^{12} + 12a^{11}b + \square a^{10}b^2 + \square a^9b^3 + \square a^8b^4 + \square a^7b^5 + \square a^6b^6 +$$

$$+ \square a^5b^7 + \square a^4b^8 + \square a^3b^9 + \square a^2b^{10} + 12ab^{11} + b^{12}$$

Pregunta 9:

Mirar nuevamente los desarrollos que hicieron con exponentes de 2 a 6. Prestar atención, ahora, exclusivamente a los coeficientes que no fueron analizados en las preguntas 5, 6 y 7. ¿Puede observarse alguna relación entre los coeficientes de un desarrollo y los del siguiente?

Esta pregunta es más complicada de responder que las anteriores. Es posible, sin embargo, que los coeficientes 5, 10, 15 y 20 puedan llevar a los alumnos a tratar de adivinar cuál es la relación pedida y, en cada caso, habría que sugerirles que verifiquen sus propuestas en cada uno de los seis desarrollos obtenidos.

En caso de que a ningún alumno le surja una propuesta que, por sucesivas mejoras guiadas, pueda culminar en la relación correcta, el docente deberá ir orientando la observación hasta alcanzar la enunciación de la propiedad buscada.

La relación existente entre los coeficientes de desarrollos sucesivos no puede, a esta altura del trabajo, ser explicitada por escrito, dado que se carece todavía de una notación adecuada para designarlos. Los docentes sabemos que esos coeficientes son números combinatorios, pero puede ser que los alumnos aún no los conozcan o bien que los hayan utilizado en problemas combinatorios de recuento sin que por ello se pueda establecer claramente que acá se trata de los mismos números.

Por eso, momentáneamente, el profesor solo podrá utilizar el pizarrón, introduciendo flechas que orienten la mirada de la siguiente manera:

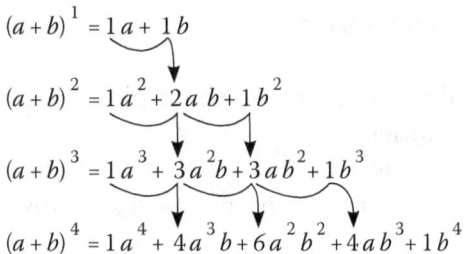

y confirmando que esta regla continúa valiendo en todas las sucesivas potencias de un binomio.

Pregunta 10:
¿Seríamos capaces, ahora, de completar los coeficientes en el desarrollo de $(a+b)^7$?

Sí. Resultará:

$$(a+b)^7 = a^7 + 7a^6 b + 21a^5 b^2 + 35 a^4 b^3 + 35 a^3 b^4 + 21 a^2 b^5 + 7 a b^6 + b^7$$

Pregunta 11:
¿Y de $(a+b)^{12}$?

Es de esperar que surja, verbalmente, la incomodidad de tener que efectuar los desarrollos correspondientes a los exponentes 8, 9, 10 y 11 para poder encontrar los coeficientes de $(a+b)^{12}$, tal y como se hizo en la pregunta anterior.

Esto actuará como motivación para tratar de conocer el formato de estos números y su consecuente cálculo directo, es decir, un cálculo que no esté basado en un criterio de recurrencia.

Redondeando, la respuesta a la última pregunta podría ser la siguiente:

> Sí, seríamos capaces, pero es incómodo con lo que sabemos hasta ahora (y peor aún si se tratara de exponentes mucho más grandes). Por eso no lo haremos por el momento. Veremos, a continuación, dos familias de números muy pintorescos que ayudarán en este sentido.

Números combinatorios

Los coeficientes de las potencias de binomios se denominan "números combinatorios".
Ellos dependen del término y del exponente de cada potencia. Por eso su simbología, o notación, emplea dos dígitos que ayudan a "localizarlo".
Reescribiremos las primeras potencias que venimos trabajando empleando esta notación:

$$(a+b)^1 = \binom{1}{0}a + \binom{1}{1}b$$

$$(a+b)^2 = \binom{2}{0}a^2 + \binom{2}{1}ab + \binom{2}{2}b^2$$

$$(a+b)^3 = \binom{3}{0}a^3 + \binom{3}{1}a^2b + \binom{3}{2}ab^2 + \binom{3}{3}b^3$$

$$(a+b)^4 = \binom{4}{0}a^4 + \binom{4}{1}a^3b + \binom{4}{2}a^2b^2 + \binom{4}{3}ab^3 + \binom{4}{4}b^4$$

$$(a+b)^5 = \binom{5}{0}a^5 + \binom{5}{1}a^4b + \binom{5}{2}a^3b^2 + \binom{5}{3}a^2b^3 + \binom{5}{4}ab^4 + \binom{5}{5}b^5$$

$$(a+b)^6 = \binom{6}{0}a^6 + \binom{6}{1}a^5b + \binom{6}{2}a^4b^2 + \binom{6}{3}a^3b^3 + \binom{6}{4}a^2b^4 + \binom{6}{5}ab^5 + \binom{6}{6}b^6$$

En general, si designamos con la letra n al exponente, resulta:

$$(a+b)^n = \binom{n}{0}a^n + \binom{n}{1}a^{n-1}b + \binom{n}{2}a^{n-2}b^2 + \ldots + \binom{n}{n-2}a^2b^{n-2} + \binom{n}{n-1}ab^{n-1} + \binom{n}{n}b^n$$

La anterior expresión es conocida con el nombre de "Binomio de Newton". Ella nos permitirá obtener el desarrollo de $(a+b)^n$ para cualquier valor de n, cuando hayamos aprendido a calcular los números $\binom{n}{k}$ directamente a partir de n y k.

Para avanzar en este sentido primero conviene definir otros números que necesitaremos.

Definición: Siendo $n \in N$ se denomina "n factorial", o "factorial de n", y se simboliza así $n!$, al número que resulta al multiplicar a n por todos sus consecutivos anteriores hasta llegar a 1.

O sea: $\quad n! = n \cdot (n-1) \cdot (n-2) \ldots \ldots 3 \cdot 2 \cdot 1$

Por ejemplo: $\quad 6! = 6 \cdot 5 \cdot 4 \cdot 3 \cdot 2 \cdot 1 = 720 \qquad 3! = 3 \cdot 2 \cdot 1 = 6$
$\qquad\qquad\quad 8! = 8 \cdot 7 \cdot 6 \cdot 5 \cdot 4 \cdot 3 \cdot 2 \cdot 1 = 40320 \qquad 1! = 1$

Agregaremos, porque conviene hacerlo así, el siguiente número factorial: $0! = 1$. Esta definición no responde al formato general anterior, pero servirá en el cálculo de coeficientes del Binomio de Newton.

Siendo $n!$ el producto de números naturales es claro que los resultados siempre también lo serán.

Para calcular $n!$ se puede:

- Efectuar un cálculo directo, multiplicando:
  $9! = 9 \cdot 8 \cdot 7 \cdot 6 \cdot 5 \cdot 4 \cdot 3 \cdot 2 \cdot 1 = 362880$

- Actuar en forma recurrente:
  $9! = 9 \cdot 8! = 9 \cdot 40320 = 362880$
  (útil cuando se conoce $(n-1)!$)

- Emplear la calculadora, usando la tecla $\boxed{!}$. Tiene la limitación de que muy rápidamente dejan de entrar todos los dígitos del resultado en el visor y lo que entonces muestra la calculadora es un número aproximado expresado en notación científica.

Por ejemplo:

Por cálculo directo:
12! = 12 . 11 . 10 . 9 . 8 . 7 . 6 . 5 . 4 . 3 . 2 . 1 = 479 001 600.
Con calculadora resulta: 12! = $4{,}790016 \cdot 10^{08}$ = 479 001 600.
En este caso los resultados de ambas formas de cálculo son iguales.

Pero en este otro caso hay una ligera diferencia:

Por cálculo directo
14! = 14 . 13 . 12 . 11 . 10 . 9 . 8 . 7 . 6 . 5 . 4 . 3 . 2 . 1 = 87 178 291 200
mientras que, con calculadora, resulta
14! = $8{,}7178291 \cdot 10^{10}$ = 87 178 291 000.

La diferencia entre ambos resultados (200) representa el 0,0000022 % del verdadero valor de 14!, es poco pero la diferencia está.

A esta altura resultará conveniente que trabajen un poco los alumnos, realizando ejercicios sencillos que los familiaricen con el concepto y el cálculo de *n!*

Ejercitación:

1) Calcular en forma exacta: 9!, 11!, 13!, 16!

2) Usar la calculadora para obtener 16! y comparar el valor obtenido con el que da el cálculo directo (¿es mayor o menor?, ¿qué porcentaje de error se tiene con relación al valor exacto?).

3) Calcular:

a) $\dfrac{3! + 5!}{6!}$ b) $\dfrac{3! \cdot 5!}{6!}$ c) $\dfrac{14!}{12!}$ d) $\dfrac{18 \cdot 17!}{18!}$ e) $\dfrac{18 \cdot 17!}{13!}$ f) $\dfrac{9!}{6!}$

4) Completar:

$n \cdot (n-1)! =$ .... , $\dfrac{n!}{(n-1)!} =$ .... , $\dfrac{n!}{(n-3)!} =$ ....

5) Expresar mediante factoriales:

a) $14 \cdot 13 \cdot 12 \cdot 11$
b) $46 \cdot 45 \cdot 44 \cdot 43 \cdot 42$
c) $8 \cdot 9 \cdot 10 \cdot 11$
d) $14 \cdot 13 \cdot 12 \cdot 11 \cdot 6 \cdot 5 \cdot 4$
e) $n \cdot (n-1)$
f) $(n+2) \cdot (n+1)$

Es muy probable que en el Ejercicio 3 las resoluciones espontáneas de los alumnos de los ítems a) y b) se parezcan entre sí, en el sentido de que primero calculen todos los números factoriales presentes en la expresión y luego simplifiquen, cuando se pueda:

$$\frac{3! + 5!}{6!} = \frac{6 + 120}{720} = \frac{126}{720} = \frac{7}{40} \qquad \frac{3! \cdot 5!}{6!} = \frac{6 \cdot 120}{720} = \frac{720}{720} = 1$$

El primer ejercicio no admite muchas variantes, salvo la posibilidad de que usando la calculadora concluyan diciendo $\frac{126}{720} = 0{,}175$ que, por supuesto, está igualmente bien. La presencia del mismo obedece a la intención de enfatizar que, pese a las analogías, el segundo es diferente, en el sentido de que tratándose de productos y cocientes entre factoriales podría organizarse de manera de trabajar con números más pequeños así:

$$\frac{3! \cdot 5!}{6!} = \frac{3! \cdot 5!}{6 \cdot 5!} = \frac{3!}{6} = \frac{6}{6} = 1$$

Es claro que esta posibilidad se tornará más importante cuando se trate de números factoriales bastante más grandes. A partir del análisis de la situación anterior el docente enfatizará la *conveniencia* de simplificar todo lo que se pueda antes de multiplicar, asegurándose de que los siguientes ejercicios sean resueltos de esta forma por los alumnos y de que queden escritas en sus carpetas varias de estas formas de resolución, tales como:

$$\frac{26!}{23!} = \frac{26 \cdot 25 \cdot 24 \cdot 23!}{23!} = 26 \cdot 25 \cdot 24 = 15600$$

$$\frac{19! \cdot 20}{16!} = \frac{20 \cdot 19 \cdot 18 \cdot 17 \cdot 16!}{16!} = 20 \cdot 19 \cdot 18 \cdot 17 = 116280$$

Es posible que, a partir de estos ejemplos resueltos, los alumnos puedan responder satisfactoriamente las demandas de los Ejercicios 4 y 5 por cuenta propia.

Algo llamativo de los números factoriales es la asombrosa "velocidad" con la que crecen. Observemos, por ejemplo, la siguiente tabla:

n	n^3	2^n	$n!$
1	1	2	1
2	8	4	2
3	27	8	6
4	64	16	24
5	125	32	120
6	216	64	720
7	343	128	5 040
8	512	256	40 320
9	729	512	362 880
10	1000	1024	3 628 800
11	1331	2048	39 916 800
12	1728	4096	479 001 600
13	2197	8192	6 227 020 800
14	2744	16384	87 178 291 200
15	3375	32768	1 307 674 368 000

En esta tabla se ve cuánto más rápido crecen los números factoriales que las potencias cúbicas y números exponenciales. Es pintoresco el hecho de que en los medios periodísticos y políticos suele hablarse con mucha ligereza de "crecimiento exponencial", enfatizando la importancia del aumento de alguna variable, sin que necesariamente la ley del fenómeno sea realmente exponencial ni conociendo que hay otros crecimientos marcadamente más "veloces", como el de los factoriales.

Una vez completadas las actividades anteriores sobre $n!$, y alguna otra parecida que el docente considere oportuno agregar, se puede encarar la presentación de los números combinatorios que usan los números factoriales (además de curiosos, los números factoriales son útiles).

Definición: Sean $n \in N$, $k \in N_0$. Se definen los números combinatorios $\binom{n}{k}$ de la siguiente forma:

$$\binom{n}{k} = \frac{n!}{k!\ (n-k)!}$$

Ejemplos:

$$\binom{6}{2} = \frac{6!}{2!\,(6-2)!} = \frac{6!}{2!\ 4!} = \frac{6 \cdot 5 \cdot 4!}{2!\ 4!} = \frac{30}{2} = 15$$

$$\binom{5}{3} = \frac{5!}{3!\,(5-3)!} = \frac{5!}{3!\ 2!} = \frac{5 \cdot 4 \cdot 3!}{3!\ 2!} = \frac{20}{2} = 10$$

$$\binom{5}{5} = \frac{5!}{5!\,(5-5)!} = \frac{5!}{5!\ 0!} = \frac{1}{0!} = \frac{1}{1} = 1$$

$$\binom{4}{0} = \frac{4!}{0!\,(4-0)!} = \frac{4!}{0!\ 4!} = \frac{1}{0!} = \frac{1}{1} = 1$$

$$\binom{7}{3} = \frac{7!}{3!\,(7-3)!} = \frac{7!}{3!\ 4!} = \frac{7 \cdot 6 \cdot 5 \cdot 4!}{3!\ 4!} = \frac{7 \cdot 6 \cdot 5}{3!} = \frac{7 \cdot 6 \cdot 5}{6} = 7 \cdot 5 = 35$$

El último número combinatorio apareció cuando respondimos la Pregunta 10. En ese momento lo habíamos calculado sumando dos coeficientes del desarrollo anterior, que con la actual notación se escriben como $\binom{6}{2}$ y $\binom{6}{3}$. Verifiquemos ahora que, usando la fórmula de la definición de número combinatorio, resulta $\binom{6}{2} + \binom{6}{3} = \binom{7}{3}$. En efecto:

$$\binom{6}{2}+\binom{6}{3}=\frac{6!}{2!\,4!}+\frac{6!}{3!\,3!}=\frac{6\cdot5\cdot4!}{2!\,4!}+\frac{6\cdot5\cdot4\cdot3!}{3!\,3!}=\frac{30}{2}+\frac{6\cdot5\cdot4}{6}=15+20=35$$

Ahora que sabemos calcular directamente $\binom{n}{k}$ para cualquier n y k, podremos contestar la Pregunta 11 de manera práctica. En efecto:

$$(a+b)^{12}=\binom{12}{0}a^{12}+\binom{12}{1}a^{11}b+\binom{12}{2}a^{10}b^2+\ldots\ldots+\binom{12}{10}a^2b^{10}+\binom{12}{11}ab^{11}+\binom{12}{12}b^{12}$$

Completando los cálculos de los números combinatorios:

$$\binom{12}{0}=\frac{12!}{0!\,(12-0)!}=\frac{12!}{0!\,12!}=1=\binom{12}{12}$$

$$\binom{12}{1}=\frac{12!}{1!\,(12-1)!}=\frac{12!}{1!\,11!}=12=\binom{12}{11}$$

$$\binom{12}{2}=\frac{12!}{2!\,(12-2)!}=\frac{12!}{2!\,10!}=\frac{12\cdot11}{2}=66=\binom{12}{10}$$

$$\binom{12}{3}=\frac{12!}{3!\,(12-3)!}=\frac{12!}{3!\,9!}=\frac{12\cdot11\cdot10\cdot9!}{6\cdot9!}=2\cdot11\cdot10=220=\binom{12}{9}$$

$$\binom{12}{4}=\frac{12!}{4!\,(12-4)!}=\frac{12!}{4!\,8!}=\frac{12\cdot11\cdot10\cdot9\cdot8!}{24\cdot8!}=\frac{11\cdot10\cdot9}{2}=11\cdot5\cdot9=495=\binom{12}{8}$$

$$\binom{12}{5}=\frac{12!}{5!\,(12-5)!}=\frac{12!}{5!\,7!}=\frac{12\cdot11\cdot10\cdot9\cdot8\cdot7!}{120\cdot7!}=11\cdot9\cdot8=792=\binom{12}{7}$$

$$\binom{12}{6}=\frac{12!}{6!\,(12-6)!}=\frac{12!}{6!\,6!}=\frac{12\cdot11\cdot10\cdot9\cdot8\cdot7\cdot6!}{6\cdot5\cdot4\cdot3\cdot2\cdot6!}=\frac{11\cdot10\cdot9\cdot8\cdot7}{5\cdot4\cdot3}=11\cdot2\cdot3\cdot2\cdot7=924$$

se tiene entonces que:

$$(a+b)^{12}=a^{12}+12a^{11}b+66a^{10}b^2+220a^9b^3+495a^8b^4+792a^7b^5+$$
$$+924a^6b^6+792a^5b^7+495a^4b^8+220a^3b^9+66a^2b^{10}+12ab^{11}+b^{12}$$

Vemos así que, recordando la expresión denominada "Binomio de Newton" y la forma en que se calculan los números combinatorios $\binom{n}{k}$, se puede escribir la expresión desarrollada (en forma de suma) de cualquier potencia de cualquier binomio.

Veamos otro ejemplo:
Escribir el desarrollo de la potencia $(a - 2t)^6$

$$(a-2t)^6 = \binom{6}{0}a^6 + \binom{6}{1}a^5(-2t) + \binom{6}{2}a^4(-2t)^2 +$$
$$+ \binom{6}{3}a^3(-2t)^3 + \binom{6}{4}a^2(-2t)^4 + \binom{6}{5}a(-2t)^5 + \binom{6}{6}(-2t)^6 =$$
$$= a^6 + 6a^5(-2t) + 15a^4(-2t)^2 + 20a^3(-2t)^3 + 15a^2(-2t)^4 + 6a(-2t)^5 + (-2t)^6 =$$
$$= a^6 - 12a^5 t + 60a^4 t^2 - 160a^3 t^3 + 240a^2 t^4 - 192a t^5 + 64 t^6$$

Ejercitación:

6) Escribir cada una de las siguientes potencias en forma de suma:

$$i)\ (a+b)^9 \quad ii)\ (u+v)^{13} \quad iii)\ (x-1)^8 \quad iv)\ (3x+4)^5 \quad v)\ \left(2y+\frac{1}{2}z\right)^4$$

7) Completar cada una de las siguientes afirmaciones con una expresión correcta y justificar la validez de la propiedad enunciada.

$$i)\ \binom{n}{n} = \ldots\ldots \quad \forall n \in N \qquad ii)\ \binom{n}{n-1} = \ldots\ldots \quad \forall n \in N$$

$$iii)\ \binom{n}{k} = \binom{n}{\ldots\ldots} \quad \forall n \in N, k \in N_0$$

8) ¿Existe algún número natural n para el cual se verifique la siguiente igualdad $\binom{39}{5+2n} = \binom{39}{2n-2}$?

Es conveniente que el docente plantee una revisión de lo trabajado hasta el momento con los números combinatorios: hemos visto cómo se definen, qué propiedades tienen y cómo intervienen en los desarrollos de potencias de binomios.

Puede, asimismo, abrir la puerta a una mirada más de conjunto, como sigue.

Al escribir los números combinatorios $\binom{n}{k}$ respetando el formato siguiente

	k=0	k=1	k=2	k=3	k=4	k=5
n=1 →	$\binom{1}{0}$	$\binom{1}{1}$				
n=2 →	$\binom{2}{0}$	$\binom{2}{1}$	$\binom{2}{2}$			
n=3 →	$\binom{3}{0}$	$\binom{3}{1}$	$\binom{3}{2}$	$\binom{3}{3}$		
n=4 →	$\binom{4}{0}$	$\binom{4}{1}$	$\binom{4}{2}$	$\binom{4}{3}$	$\binom{4}{4}$	
n=5 →	$\binom{5}{0}$	$\binom{5}{1}$	$\binom{5}{2}$	$\binom{5}{3}$	$\binom{5}{4}$	$\binom{5}{5}$

resulta el triángulo de números conocido como Triángulo de Tartaglia (matemático italiano del Siglo XVI).

1	1				
1	2	1			
1	3	3	1		
1	4	6	4	1	
1	5	10	10	5	1

Veamos algunas propiedades interesantes que tiene el Triángulo de Tartaglia:

Propiedad 1:
Cada fila empieza y termina con un número 1 (demostrada en el Ejercicio 7).

Propiedad 2:
Cada fila es simétrica (demostrada en el Ejercicio 7).

Propiedad 3:
Cada número combinatorio que no sea el primero ni el último de la fila se obtiene sumando otros dos de la fila superior: el que está arriba de él con su inmediato anterior.
Esta propiedad, conocida como Fórmula de Stiefel, había sido visualizada anteriormente, al intentar responder la Pregunta 10. Ahora, en símbolos, adopta el siguiente formato:

$$\binom{n}{k} = \binom{n-1}{k-1} + \binom{n-1}{k}$$

Veamos cómo verificar su validez en un par de casos numéricos.

$$\binom{5}{3} + \binom{5}{4} = \frac{5!}{3!\,2!} + \frac{5!}{4!\,1!} =$$

A esta altura podríamos hacer el cálculo directo pero optaremos por otra forma: sumar las fracciones buscando un denominador común, en este caso $4!\,.\,2!$, y multiplicando numeradores y denominadores por lo que sea necesario en cada término.

$$\frac{5!\,.\,4}{4!\,2!} + \frac{5!\,.\,2}{4!\,2!} = \frac{5!\,(4+2)}{4!\,2!} = \frac{5!\,.\,6}{4!\,2!} = \frac{6!}{4!\,2!} = \binom{6}{4}$$

Otro caso:

$$\binom{8}{2} + \binom{8}{3} = \frac{8!}{2!\,6!} + \frac{8!}{3!\,5!} = \frac{8!\,.\,3}{3!\,6!} + \frac{8!\,.\,6}{3!\,6!} = \frac{8!\,.\,(3+6)}{3!\,6!} = \frac{8!\,.\,9}{3!\,6!} = \frac{9!}{3!\,6!} = \binom{9}{3}$$

Estas mismas operaciones efectuadas con letras constituyen una demostración de la Fórmula de Stiefel, resultando más accesible su comprensión a partir de los dos ejemplos anteriores que permiten visualizar en casos concretos (números) lo que constituye el razonamiento general (con letras que representan a números cualesquiera). Esta es la demostración:

$$\binom{n-1}{k-1} + \binom{n-1}{k} = \frac{(n-1)!}{(k-1)!\,(n-k)!} + \frac{(n-1)!}{k!\,(n-1-k)!} = \frac{(n-1)!\cdot k}{k!\,(n-k)!} + \frac{(n-1)!\cdot(n-k)}{k!\,(n-k)!} =$$

$$= \frac{(n-1)!\cdot(k+n-k)}{k!\,(n-k)!} = \frac{(n-1)!\cdot n}{k!\,(n-k)!} = \frac{n!}{k!\,(n-k)!} = \binom{n}{k}$$

Cada docente decidirá, en base al grupo de alumnos y el tiempo disponible, si propone o realiza este trabajo, en cualquier caso conviene que enfatice la validez general de la propiedad.

A partir de la siguiente actividad descubriremos otra interesante propiedad del Triángulo de Tartaglia.

Escribiremos los desarrollos de $(a+b)^n$ para n = 1, 2, 3, 4, 5 y con $a=1$ y $b=1$.

Habíamos visto que

$$a + b = (a+b)^1$$
$$a^2 + 2ab + b^2 = (a+b)^2$$
$$a^3 + 3a^2b + 3ab^2 + b^3 = (a+b)^3$$
$$a^4 + 4a^3b + 6a^2b^2 + 4ab^3 + b^4 = (a+b)^4$$
$$a^5 + 5a^4b + 10a^3b^2 + 10a^2b^3 + 5ab^4 + b^5 = (a+b)^5$$

siendo cada coeficiente un número combinatorio, de los que forman el Triángulo de Tartaglia.

Al reemplazar en cada una de esas expresiones los valores $a = 1$ y $b = 1$ resultan:

$1 + 1 = (1+1)^1 = 2^1 = 2$ → *suma 1° fila del triángulo*
$1^2 + 2.1.1 + 1^2 = 1 + 2 + 1 = (1+1)^2 = 2^2$ → *suma 2° fila del triángulo*
$1^3 + 3.1^2.1 + 3.1.1^2 + 1^3 = 1 + 3 + 3 + 1 = (1+1)^3 = 2^3$ → *suma 3° fila del triángulo*

Análogamente van surgiendo las igualdades:

$1 + 4 + 6 + 4 + 1 = (1+1)^4 = 2^4$ → *suma 4° fila del triángulo*
$1 + 5 + 10 + 10 + 5 + 1 = (1+1)^5 = 2^5$ → *suma 5° fila del triángulo*

Surge así la siguiente propiedad.

Propiedad 4:
La suma de los números de la fila n-ésima del Triángulo de Tartaglia es igual a 2^n.
Esta propiedad, que hemos verificado usando la fórmula del Binomio de Newton, se escribe simbólicamente así:

$$\binom{n}{0} + \binom{n}{1} + \binom{n}{2} + \ldots + \binom{n}{n-2} + \binom{n}{n-1} + \binom{n}{n} = (1+1)^n = 2^n$$ → *suma n° fila del triángulo*

Algunos ejercicios finales sobre el Binomio de Newton permitirán fijar el resultado y comprender su potencia.

Más ejercicios

9) ¿Cuál es el coeficiente del término que tiene $a^9 b^4$ en el desarrollo de $(a+b)^{13}$?

10) Idem para $x^{15} y^2$ en $(x+y)^{17}$.

11) Idem para $x^3 y^5$ en $(2x+y)^8$.

RESUMEN DE LO APRENDIDO

NÚMEROS FACTORIALES

Para $n \in N_0$ se definen los *números factoriales n!* de la siguiente manera:

$$n! = \begin{cases} n \cdot (n-1) \cdot (n-2) \ldots 3 \cdot 2 \cdot 1 & si \ n \geq 1 \\ 1 & si \ n = 0 \end{cases}$$

Se verifica que $n! = n \cdot (n-1)!$ $\forall n \in N$

NÚMEROS COMBINATORIOS

Para $n \in N, k \in N_0$ se definen los *números combinatorios* así:

$$\binom{n}{k} = \frac{n!}{k! \ (n-k)!}$$

Ellos verifican las siguientes propiedades:

$$\binom{n}{n} = 1 \ , \ \binom{n}{0} = 1 \ , \ \binom{n}{n-1} = n \ , \ \binom{n}{k} = \binom{n}{n-k}, \ \forall \ n \in N, k \in N_0$$

$$\binom{n}{k} = \binom{n-1}{k-1} + \binom{n-1}{k} \quad \forall \ n \in N, k \in N \quad \text{Fórmula de Stiefel}$$

TRIÁNGULO DE TARTAGLIA

```
1    1                      ⟶ Suman 2¹
1    2    1                 ⟶ Suman 2²
1    3    3    1            ⟶ Suman 2³
1    4    6    4    1       ⟶ Suman 2⁴
1    5   10   10    5    1  ⟶ Suman 2⁵
⋮    ⋮    ⋮    ⋮    ⋮    ⋮
```

BINOMIO DE NEWTON

$$(a+b)^n = \binom{n}{0} a^n + \binom{n}{1} a^{n-1} b + \binom{n}{2} a^{n-2} b^2 + \ldots + \binom{n}{n-2} a^2 b^{n-2} + \binom{n}{n-1} a \ b^{n-1} + \binom{n}{n} b^n$$

A modo de reflexiones finales respecto a características de la propuesta anterior, cabe advertir que el cuadro Resumen condensa los contenidos conceptuales trabajados (definiciones y propiedades).

Es interesante observar que lo hemos organizado en la secuencia "número factorial – número combinatorio – Binomio de Newton", que es como se encadenan esos conceptos desde el punto de vista matemático, tomándolos como producto terminado, como suele presentarse en los libros.

Sin embargo, la forma en que se fueron presentando los conceptos a través de nuestra propuesta responde a un orden inverso, probablemente más ajustado al desarrollo histórico del tema, atendiendo a una intencionalidad didáctica.

Tomando como inquietud la búsqueda de una expresión algebraica para las potencias de binomios se fue dirigiendo la mirada para detectar regularidades, generar nuevos conceptos, explorar sus propiedades y capitalizar sus potenciales.

En manos de un docente convencido de la fortaleza de esta modalidad constructiva, en la que se proponen preguntas, se armonizan respuestas, se estimula la observación, se capitalizan los resultados inducidos y se ayuda a formalizarlos, el desarrollo del tema consigue entusiasmar a los alumnos, haciéndoles sentir que están "haciendo Matemática", de una manera activa y para algo más que aprobar.

El rol del docente es fundamental, debe estimular la curiosidad, conducir el proceso, asegurarse de que queden bien escritas en las carpetas las ideas alcanzadas y redondear finalmente los aprendizajes logrados.

Creemos que empleando esta metodología no resultarán tan "fríos" los aspectos algebraicos y deductivos del tema y, por el contrario, puede generarse el interés por descubrir y comprender las curiosas propiedades numéricas que van surgiendo.

Propuesta: "Evaluando contenidos conceptuales"

Como se señaló en el capítulo anterior, una evaluación debe guardar concordancia con los modos en que son planteadas las acciones de enseñanza. En este sentido, aparece como imposible plantear una propuesta de evaluación descontextualizada del ambiente de trabajo en el que se estaría llevando a cabo. Sin embargo, intentaremos plantear algunas ideas que pueden ser tenidas en cuenta por un docente al organizar sus actividades evaluativas.

En el desarrollo de cualquier tema matemático aparecen contenidos del orden de lo conceptual (definiciones, propiedades) y otros que constituyen procedimientos habituales.

Muchas veces estos últimos, asociados con el "hacer", son considerados como más apropiados para constatar aprendizajes, motivo por el cual las evaluaciones suelen cargar sus tintas sobre ellos (calcular, graficar, resolver, transformar, representar, etc.). Trataremos, entonces, de aportar algunas ideas respecto a la evaluación de contenidos conceptuales, por ser menos frecuente y por la riqueza cognitiva que conlleva, ya que al estudiarlos responsablemente para una prueba el alumno logra una comprensión más profunda del tema contribuyendo a la significatividad de los aprendizajes.

Las actividades con fuerte acento en lo conceptual pueden estar centradas en aspectos:
- *Epistémicos*: Conocimiento matemático y razonamiento lógico.
- *De representación*: Uso de diferentes registros -coloquial, gráfico, simbólico, tabular- prestando atención preferente a las conversiones entre ellos.

A la hora de su evaluación puede solicitarse:
◊ Explicitación de definiciones y/o propiedades.
◊ Identificación de objetos, correspondientes al concepto tratado, entre varios dados (en iguales o diferentes registros semióticos), con o sin justificación.

◊ Generación de objetos con características prefijadas correspondientes al concepto tratado.
◊ Pasaje de un registro semiótico a otro, para un objeto matemático dado, o establecimiento de correspondencias entre representaciones diferentes de un mismo objeto.
◊ Determinación de veracidad o falsedad de una afirmación, con o sin justificación.
◊ Inducción de alguna propiedad elemental.
◊ Recapitulación de una demostración enseñada o elaboración autónoma de una deducción semejante a un caso análogo ya trabajado.

A continuación ejemplificaremos formas posibles de plantear las consignas en cada uno de esos tipos de actividades que apuntan a evaluar contenidos conceptuales.

◊ **Explicitación coloquial de definiciones y/o propiedades.**
- ¿Qué dice el Teorema de Thales?
- ¿Qué significa que dos figuras sean semejantes?
- ¿Cuándo un número es irracional? ¿Qué característica tiene su representación decimal?
- Enunciar propiedades de la potenciación.
- Definir cuándo un polígono es regular.
- ¿El contenido exacto de cuántas pirámides es necesario para llenar con arena un prisma de igual base y altura que la pirámide?
- Dar el enunciado del Teorema del Coseno e ilustrarlo con un gráfico.
- Enunciar el Teorema del Resto.
- ¿Cuáles son los poliedros regulares? ¿Cómo son sus caras? Dibujar uno.
- ¿Qué significa que una función es par?
- Explicar qué significa que un sistema de ecuaciones es compatible.

◊ **Identificación de objetos, correspondientes al concepto tratado, entre varios dados (en iguales o diferentes registros semióticos), con o sin justificación.**

- ¿Cuáles de los siguientes números son racionales? Identificarlos con una cruz.

$$\sqrt{9} \quad \pi \quad \sqrt{7} \quad \left(\sqrt{5}-3+\frac{7}{8}-\sqrt{5}\right) \quad \frac{2}{5}$$

$$\left(\frac{2}{5}\right)^{-1} \quad -5{,}648 \quad 15{,}\widehat{43} \quad -155 \quad -10^8$$

$$0 \quad 2{,}333333333\ldots \quad \frac{-1}{3} \quad \left(\sqrt{37}\right)^2 \quad \sqrt{25+9}$$

- ¿Cuáles son ecuaciones cuadráticas? Explicar en cada caso por qué (sí o no).

$$6^2 + 8^2 = 10^2 \qquad 4x^2 - 7 \qquad x + 3x + 2 = 0$$

$$(x+5)^2 = 78 \qquad t + t^2 - 4 = t^2$$

- Indicar cuáles de los siguientes cuerpos tienen 8 vértices:

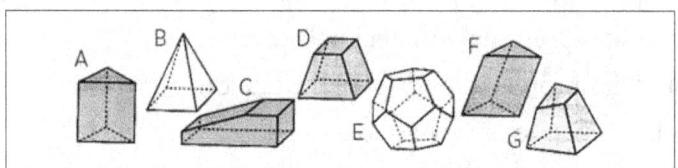

- ¿Cuál de las siguientes expresiones es equivalente a x^3?

$$x + x + x \qquad\qquad x^2 + x \qquad\qquad x \cdot x \cdot x$$

- ¿Cuál o cuáles de las siguientes figuras son polígonos regulares?

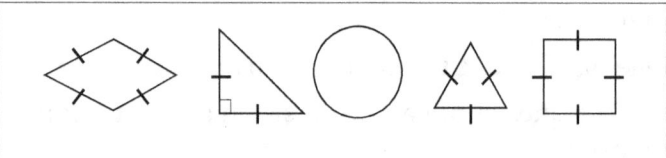

- ¿Cuáles de las siguientes expresiones son ecuaciones polinómicas?

a) $4x^3 - 6x^2$	b) $\sqrt{2x} - 6 = 0$
c) $\sqrt{2}\, x^5 - 6 = 0$	d) $3x^2 + 4x^{\frac{2}{3}} - x = 9$
e) $6x^4 - 2x^3 + x^2 - 17 = 0$	f) $(8x^9 + \sqrt{21}\, x)\, x^2 = 12$

- ¿En cuáles de los siguientes casos el ángulo está inscripto en la circunferencia?

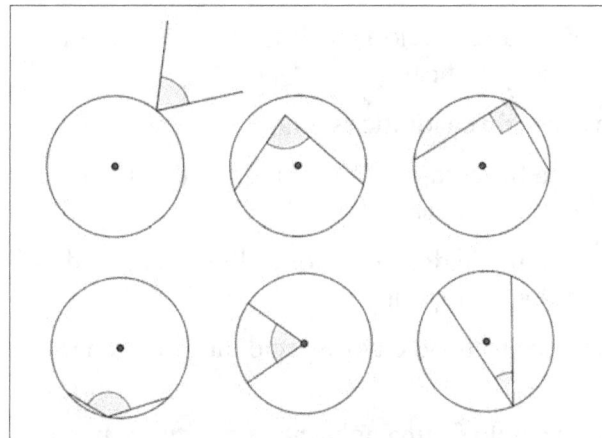

◊ **Generación de objetos con características prefijadas correspondientes al concepto tratado.**

- Dibujar un triángulo rectángulo isósceles.

- Hallar dos números racionales, no enteros, que pertenezcan al intervalo [12, 15].

- Dibujar un poliedro que no sea un prisma. Si tiene un nombre conocido decir cuál es.

- Construir un pentágono regular de lado 4 cm.

- Hallar un número irracional, mayor que 32, cuyo cuadrado sea un número entero.

- Dar un número irracional perteneciente al intervalo [11, 18] expresado en forma decimal.
- Representar gráficamente en un sistema de coordenadas cartesianas dos figuras semejantes no congruentes.
- En un sistema de coordenadas cartesianas dibujar dos figuras que sean simétricas entre sí con respecto al eje y.
- Proponer la ley de una función lineal cuya pendiente sea positiva y su ordenada al origen negativa. Esbozar su gráfica.
- Dar un polinomio de grado 5, a coeficientes reales, que tenga entre sus raíces a los números 6, $3i$ y -2.
- Proponer la ley de una función cuadrática cuyo Conjunto Imagen sea $[4, +\infty)$ y graficarla.
- Inventar una ecuación cuadrática sin raíces reales.
- Dar la ley de una función exponencial decreciente en su dominio y esbozar su gráfica.
- Inventar un sistema de dos ecuaciones lineales, con dos incógnitas, que sea incompatible.
- Señalar un suceso aleatorio cuyo espacio muestral tenga 8 elementos.
- Mencionar un ejemplo de una población en la que se pueda estudiar, mediante una muestra, una variable cualitativa y otra cuantitativa continua.

◊ **Pasaje de un registro semiótico a otro, para un objeto matemático dado, o establecimiento de correspondencias entre representaciones diferentes de un mismo objeto.**

- Encontrar la expresión decimal de los siguientes números:

$$\frac{23}{5}, \quad -\frac{14}{3}, \quad \frac{5786}{100}$$

- Expresar en notación científica la distancia del Sol a Plutón que mide 5895000000 Km y la masa de un electrón que es de 0,000000000000000000000000000911 gramos.

- Escribir en la forma $\frac{p}{q}$, con $p, q \in Z, q \neq 0$ a los números $7,6\overline{5}$ y $32,\overline{41}$
- Hallar la representación gráfica de la función $f(x) = \sqrt{x-6}$
- Expresar 67873 centigramos en Kg.
- Hallar la ley de la función lineal correspondiente a la siguiente tabla de valores:

x	y = f(x)
-5	14
-3	8

◊ **Determinación de veracidad o falsedad de una afirmación, con o sin justificación.** (Cabe señalar que las justificaciones, en caso de ser solicitadas, pueden consistir en explicaciones que den cuenta de que se comprende la idea, aún cuando no sean perfectas desde un riguroso punto de vista lógico).

Analizar para cada una de las siguientes afirmaciones si es verdadera o falsa, justificando las respuestas.
- El opuesto de un número distinto de 0 es siempre negativo.
- El recíproco de $|-6|$ es -6.
- Si $a > 0$ y $b > 0$ entonces $a \cdot b > 0$.
- Si $a > 0$ y $b > 0$ entonces $a \cdot b > b$.
- Cualquier número entero tiene un consecutivo.
- Existen números irracionales que son enteros.
- Existen números racionales negativos que no son enteros.
- Si un sistema de ecuaciones lineales con dos incógnitas es compatible indeterminado entonces las rectas que lo representan gráficamente son paralelas no coincidentes.
- No existe un número irracional mayor a 20 y menor a 21.

- Si un punto de una parábola es A(−3;50) y el vértice de la misma es V(1;10) entonces el punto simétrico de A perteneciente a la parábola es B(5;50).
- La ecuación $2(x+5)^2 + 2(x-2)(x-3) = (2x-5)(2x+5)$ es una ecuación lineal.
- $x = 2$ es la única solución de la ecuación $(x-1)^2 = (x-3)^2$
- La ecuación $(x-1)(x+1) = 2(x-3)$ tiene dos soluciones reales.
- Si el gráfico de una función lineal es

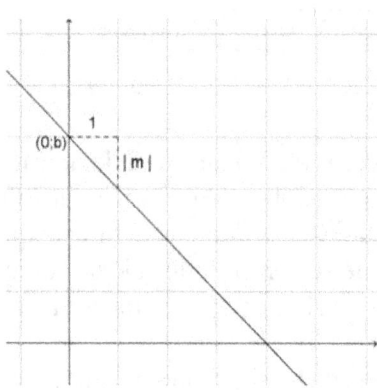

entonces su ley $f(x) = mx + b$ cumple con $\begin{cases} m > 0 \\ b > 0 \end{cases}$

- La inecuación cuya solución es la siguiente zona rayada es

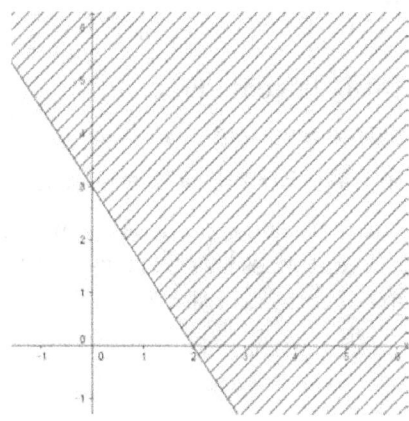

$y + \dfrac{3}{2} x \geq 3$

- Si una parábola contiene a los puntos A(4;5) y B(8;5) entonces su vértice es V(6;0).
- Si la ley de una función cuadrática es $y = -5x^2 + x + 1$ entonces su gráfico es una parábola cóncava hacia abajo que interseca al eje y en $y = 1$.
- El lado terminal del ángulo $\alpha = 750°$ se encuentra en el tercer cuadrante.
- La probabilidad de que al tirar un dado salga un número negativo no existe.
- La probabilidad de que al tirar un dado salga un número negativo vale 0.

◊ Inducción de alguna propiedad elemental.

- A partir de la observación de diferentes casos inducir cuánto vale x en cada expresión vinculada a números combinatorios:

$$\binom{12}{9} = \binom{12}{x} \qquad \binom{n}{n} = x \qquad \binom{n}{1} = x$$

- ¿Cuánto mide la altura correspondiente a la base de un triángulo isósceles de lado l y base b?
- ¿Cuánto valen la media, la moda y la mediana de un conjunto de n datos numéricos iguales?
- ¿Qué relación existe entre las probabilidades de dos sucesos complementarios?
- Si se multiplican las medidas de los lados de un rectángulo R por un factor p se obtiene otro rectángulo T. ¿Qué relación hay entre sus perímetros? ¿Y entre sus áreas?
- La suma de m funciones pares, ¿será par?
- Sea f una función polinómica de grado 3 tal que $f(-2) = 1$ y $f(3) = -5$. ¿Cuántas raíces reales distintas puede tener f en el intervalo $(-2, 3)$? Justificar la respuesta.
- Si un polinomio de grado n se divide por su polinomio opuesto, ¿cuánto vale el grado del polinomio resto? Justificar la respuesta.

◊ **Recapitulación de una demostración enseñada o elaboración autónoma de una deducción semejante a un caso análogo ya trabajado.**
- Siendo $a, b, c, d \in R$, no nulos, demostrar que:
$$\text{si } \frac{a}{b} = \frac{c}{d} \text{ entonces } \frac{a-b}{b} = \frac{c-d}{d}$$
- Probar que entre dos números reales siempre hay otro número real.
- Demostrar la fórmula del cubo de un binomio.
- Demostrar que el número $\sqrt{2}$ es irracional.
- Demostrar el Teorema de Thales.
- ¿Cuánto mide la suma de los ángulos interiores de un triángulo? Demostrarlo.
- Demostrar que $\cos 45° = \frac{\sqrt{2}}{2}$

<u>Diferentes formas de uso</u>

Visualizamos principalmente tres formas de emplear actividades como las anteriormente descriptas, con fuerte énfasis en lo conceptual, a la hora de evaluar:

> 1. Como parte de pruebas escritas, en las que se incorporan una o dos de estas preguntas junto a algunos problemas o ejercicios en los que predomina el uso de procedimientos.
>
> 2. En actividades orales, desarrolladas en el aula, en las que el alumno responde al docente preguntas de ese tipo.
>
> 3. En pruebas escritas exclusivamente conceptuales, que pueden plantearse periódicamente.

La primera de las formas es la más habitual, dentro de las evaluaciones que no descuidan lo conceptual.

La segunda forma puede que se haya perdido un poco en la Escuela Media, pero vale la pena recuperarla, ya que bucear en la comprensión de un concepto estimulando el ejercicio de la oralidad resulta provechoso en más de un sentido. Habiéndose anunciado previamente que se desarrollará de manera oral una actividad evaluativa, con énfasis en los conceptos que componen un tema, podría destinarse parte de una clase a este fin. El docente pregunta la definición de un concepto o sobre sus propiedades, plantea en el pizarrón opciones entre las cuales un alumno detecta al objeto en estudio o solicita dar ejemplos de situaciones particulares y, a través de ese tipo de actividades, logra evaluar el grado de conocimientos del alumno y su responsabilidad con relación al estudio. Este modo de evaluar conceptos tiene varias virtudes:

- puede desarrollarse en tiempos breves, ocupando fragmentos de clases, sin demorar demasiado el desarrollo de otros temas a tratar;
- no requiere demasiada preparación por parte del profesor, en algunos casos puede decirse que casi ninguna;
- cuando un alumno no responde, admitiendo que no ha estudiado, puede servirle para tomar conciencia de que debe mejorar su actitud antes de que el problema sea mayor;
- cuando un estudiante responde de manera errónea el docente tiene la oportunidad de explicar y corregir lo que aún no se ha logrado, siendo esa devolución inmediata mucho más efectiva que la de las evaluaciones escritas, inevitablemente despegadas del momento en que se efectúan;
- contribuye al desarrollo del habla en los adolescentes, quienes por falta de uso, timidez o exceso de "oralidad/escritura electrónica" se encuentran a veces limitados en su capacidad de expresión verbal.

La tercera forma es la más infrecuente. Puede llevarse a cabo una o dos veces al año, dadas sus características especiales, algunas de las cuales discutiremos a continuación.

Implementar en Matemática exclusivamente evaluaciones conceptuales sería un error, ya que también debe ponderarse la capacidad de "hacer" alcanzada por el alumno para detectar su nivel de conocimientos, como resultaría inadecuado concentrarse solo en esto último a lo largo de todo el año. Pero pueden intercalarse algunas evaluaciones conceptuales, entre otras que hagan más énfasis en los procedimientos, procurando equilibrar la jerarquía que se otorga a ambos tipos de conocimientos.

Debido a que una evaluación con fuerte acento en lo conceptual no incluye el desarrollo de procedimientos pueden plantearse algunas de ellas sin uso de calculadora. Una tal evaluación tal vez incluya algunas operaciones sencillas que puedan realizarse mentalmente apelando a la definición o ideas equivalentes (50% de 26000; $(35{,}78)^0$; $\frac{3}{5} \cdot 40$; $\sqrt[3]{8000}$; media aritmética del conjunto $\{5, 5, 5, 5, 7, 7, 7, 7\}$; $\log_2 16$) o bien no incluye ninguna, resaltando de esta forma que en Matemática no se trata solo de números y operaciones, también (y principalmente) se trata de ideas y razonamientos.

El hecho de que la mayoría de las actividades de este tipo no requiera mucho tiempo para su realización permite preguntar sobre una amplia variedad de cuestiones, prestándose para la organización de evaluaciones en base a opciones múltiples.

Como ejemplo presentamos partes de tres modelos de este último tipo de evaluaciones, con temas del Ciclo Básico y del Ciclo Orientado, que fueron utilizadas en diferentes cursos para evaluar aspectos conceptuales de temas dados en un trimestre en un colegio de Rosario.

Cada evaluación estaba formada por 30 preguntas, cada una con 4 opciones de respuesta siendo solo una de ellas la correcta. En este caso hemos quitado algunas de las preguntas por una cuestión de extensión. La preocupación de que un alumno pueda aprobar respondiendo aleatoriamente se diluye cuando se advierte que la cantidad de opciones de respuestas posibles es $4^{30} = 1{,}1529215 \cdot 10^8$.

Todas llevaban inicialmente un texto, que reproducimos parcialmente, señalando al alumno sus características:

> Leer cuidadosamente las siguientes instrucciones ANTES de comenzar a contestar:
> - En esta evaluación **no** puede usarse **calculadora**.
> - Para cada pregunta se dan **cuatro** opciones de respuestas, **solo una** de ellas **es la correcta**. (...)
> - No deben entregarse hojas extras. Si fuera necesario pueden efectuarse cálculos o deducciones en el reverso de las hojas impresas (...)

MODELO 1

1. La fórmula para calcular el volumen de un prisma de base "b" y altura "h" es:

    a) área b . h   b) $\dfrac{\text{área b . h}}{2}$ c) $\dfrac{\text{área b . h}}{3}$ d) área b . h^2

2. Para calcular cuánta puntilla necesito para coser en el borde de un mantel debo averiguar:

    a) Su perímetro   b) Su área   c) Su volumen   d) Ninguna de las opciones

3. El volumen de un cubo de arista **2a** es:

    a) $2a^3$ b) $2^3 a$ c) $8a^3$ d) $6a$

4. Si trabajamos con cuerpos de igual base y altura:
    - ¿Cuántas pirámides necesito para llenar dos prismas?

    a) 4   b) 6   c) 8   d) 12

    - Con dos conos ¿qué parte del cilindro llenaría?

    a) La mitad   b) Las 2/3 partes   c) La sexta parte   d) El cilindro entero

5. ¿Cuál de las siguientes medidas puede representar el volumen de un cono recto?

    a) 15 cm   b) 270 cm^2 c) 602,88 dam^3 d) 3 hg

6. La expresión que representa la cuarta parte de un entero es:

    a) 2,5   b) 0,4   c) 40%   d) 1/4

7. Si como las ¾ partes de la torta me queda ...... del total:
   a) el 20%   b) el 10%   c) el 25%   d) el 50%

8. El 1% de 300 es:
   a) 1   b) 3   c) 30   d) 0,3

9. La expresión equivalente a (–8) – (–3) es:
   a) –8 + 3   b) – 8 – 3   c) 8 – (–3)   d) 0,3

10. Si a > 0 y a + b < 0 entonces b es:
    a) Positivo   b) 0
    c) Negativo   d) No se puede decir nada del signo de b

11. –3 . (a – 1) es equivalente a:
    a) 3 a + 3   b) –3 a + 3   c) 3 a – 1   d) a – 3

12. Un cubo tiene:
    a) 4 aristas   b) 6 aristas   c) 8 aristas   d) 12 aristas

13. 0,0027 m^2 es equivalente a:
    a) 27 mm^2 b) 2,7 mm^2 c) 2700 mm^2 d) 0,27 mm^2

14. La fórmula que permite calcular el volumen de un prisma recto de base hexagonal regular es:

    a) $\dfrac{(l.6.ap).h}{2}$ b) $\dfrac{Perim\,base.h}{2}$ c) $\dfrac{Perim\,base.ap.h}{3}$ d) $\dfrac{Área\,base.h}{3}$

15. Un prisma tiene igual área de la base y el doble de altura que una pirámide. El prisma tiene igual volumen que:
    a) 3 pirámides   b) 6 pirámides   c) 2 pirámides   d) 12 pirámides

16. Las temperaturas mínimas en los últimos diez días fueron:

    –9°C ; 0°C ; –3°C ; –6°C ; –5°C ; 2°C ; 5°C ; 1°C ; –8 °C ; 3°C.

    ¿Cuál fue la menor de las temperaturas mínimas?
    a) 1°C   b) 0°C   c) –3°C   d) –9°C

17. Si restamos –7 al opuesto de –2 obtenemos:
    a) –9   b) 9   c) 5   d) –5

18. El producto de una cantidad impar de factores negativos es:
    a) Negativo   b) Positivo
    c) 0   d) No puede establecerse el signo del resultado

19. 0 : 6 es igual a:
    a) 6   b) –6   c) 0   d) No se puede calcular

20. Los números enteros que verifican la igualdad |x + 1| = 2 son:
    a) –1 y 3   b) 1 y –3   c) 1 y –2   d) –1 y 2

21. Un prisma de base hexagonal tiene:
    a) 6 caras   b) 12 caras   c) 8 caras   d) 18 caras

22. ¿Cuál de los siguientes cuerpos tiene 6 vértices?
    a) Un cubo   b) Una pirámide de base pentagonal
    c) Un cono   d) Un prisma de base hexagonal

23. ¿Cuál de las siguientes afirmaciones es falsa?
    a) $|-4| > 0$ b) $|-4| > -4$ c) $|-4| = 4$ d) $|-4| = -4$

24. –7 : 0 es igual a:
    a) 0   b) 7
    c) – 7   d) No se puede calcular

MODELO 2

1. La función inversa de: $f(x) = -2x + 3$ es

   a) $f^{-1}(x) = -\dfrac{1}{2}x + \dfrac{3}{2}$ b) $f^{-1}(x) = -\dfrac{1}{2}x + \dfrac{1}{3}$

   c) $f^{-1}(x) = \dfrac{1}{2}x + \dfrac{3}{2}$ d) $f^{-1}(x) = -\dfrac{1}{2}x + \dfrac{1}{3}$

2. Dada la función $f(x) = x + 2$, decidir cuál de los siguientes gráficos la representa:

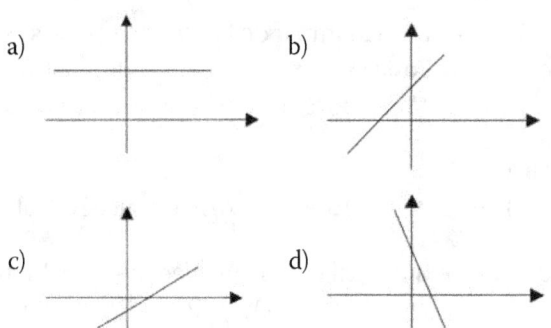

3. ¿A cuál de las siguientes rectas pertenece el punto $(-4; 7)$?

   a) $y = -2x - 15$ b) $y = x + 3$ c) $y = \dfrac{1}{2}x + 5$ d) $y = -x + 3$

4. La gráfica dada corresponde a la función $f(x) = mx + b$. Indicar cuáles son las características de su pendiente y ordenada al origen:

   a) $\begin{cases} m > 0 \\ b > 0 \end{cases}$ b) $\begin{cases} m < 0 \\ b < 0 \end{cases}$ c) $\begin{cases} m < 0 \\ b > 0 \end{cases}$ d) $\begin{cases} m > 0 \\ b < 0 \end{cases}$

5. Si $f(x) = -x - 1$ entonces $f(-4)$ es igual a:
   a) 4   b) -5 c) 3   d) 5

6. ¿Cuál de los siguientes puntos pertenece a la gráfica de la función $f(x) = (x-2)^2 - 1$?
   a) $(2; 0)$ b) $(1; 0)$ c) $(3; 1)$ d) $(-4; 1)$

7. ¿Cuál de los siguientes puntos no pertenece a la gráfica de la función $f(x) = |-x - 2|$?
   a) $(-2; 0)$ b) $(2; 4)$ c) $(1; 3)$ d) $(-1; 3)$

8. ¿Cuál de los siguientes números no pertenece al dominio de la función $f(x) = \dfrac{1}{-x-5}$?

   a) 5   b) –5   c) –10   d) 0

9. El conjunto de imágenes de la función $f(x) = |x - 2| + 3$ es:

   a) $(3, +\infty)$ b) $(-3, +\infty)$ c) $(-3, 3)$ d) $[3, +\infty)$

10. ¿Cuál de las siguientes funciones es par?

    a) 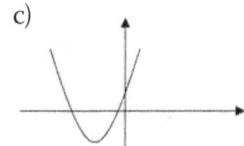 b)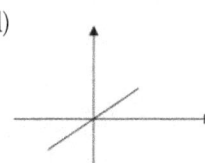

    c) d)

11. La ecuación de la recta que corta a los ejes coordenados en los puntos $(0; 4)$ y $(-4; 0)$ tiene como ley:

    a) $f(x) = 4x - 4$ b) $f(x) = x - 4$ c) $f(x) = x + 4$ d) $f(x) = 4x + 4$

12. Los ceros de la función $f(x) = -5(x-1)(x+3)$ son:

    a) 1 y 3   b) 1 y –3   c) –1 y 3   d) –1 y –3

16. El valor de m para que las rectas $\begin{cases} y = mx + 5 \\ 4x + 2y = 1 \end{cases}$ sean perpendiculares es:

    a) $-\dfrac{1}{4}$ b) $-\dfrac{1}{2}$ c) $\dfrac{1}{2}$ d) 4

17. ¿Cuál de las siguientes rectas pasa por los puntos $A(2; 2)$ y $B(3; 0)$?

    a) $y = 2x + 6$ b) $y = -2x + 6$ c) $y = -\dfrac{1}{2}x + 3$ d) $y = \dfrac{1}{2}x + 3$

20. El mínimo absoluto de la función $f(x) = |x| - 5$ es:
   a) 5　　　　　　b) –5　　　　　c) 0　　　　　　d) 10

21. ¿A cuál de las funciones propuestas representa esta gráfica?

   a) $f(x) = \begin{cases} x-1 & \text{si } x \leq 0 \\ -1 & \text{si } x > 0 \end{cases}$　　b) $f(x) = \begin{cases} x-1 & \text{si } x < 0 \\ -1 & \text{si } x \geq 0 \end{cases}$

   c) $f(x) = \begin{cases} x+1 & \text{si } x \leq 0 \\ -1 & \text{si } x > 0 \end{cases}$　　d) $f(x) = \begin{cases} x+1 & \text{si } x < 0 \\ -1 & \text{si } x \geq 0 \end{cases}$

22. El conjunto de positividad (C^+) de la función representada por la siguiente gráfica es:

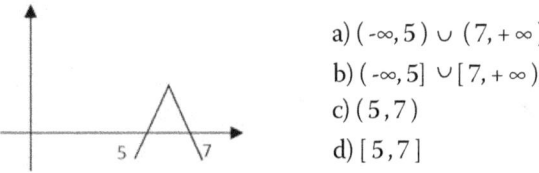

   a) $(-\infty, 5) \cup (7, +\infty)$
   b) $(-\infty, 5] \cup [7, +\infty)$
   c) $(5, 7)$
   d) $[5, 7]$

23. Teniendo en cuenta la gráfica del ejercicio anterior el intervalo de crecimiento es:
   a) $(-\infty, 5)$　　b) $(-\infty, 7)$　　c) $(5, 6)$　　d) $(-\infty, 6)$

24. El período de la función dada por la gráfica es:
   a) 2　　　　　　b) 4　　　　　c) 8　　　　　　d) 12

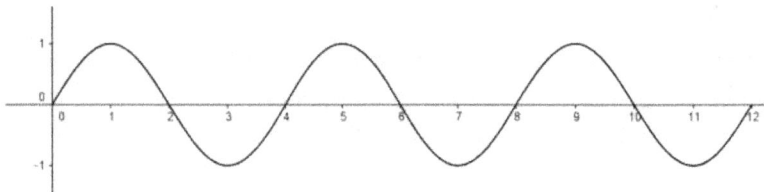

25. Si $f(x) = x^2$ entonces $f(x) + 1$ es:
   a) $x + 1$　　b) $x - 1$　　c) $x^2 + 1$　　d) $x^2 + 2x + 1$

26. Si $g(x) = x - 3$ entonces $g(x-1)$ es:
    a) $x+4$ b) $2x+4$ c) $x-4$ d) $2x-4$

27. La siguiente gráfica representa a una función cuya ley es:

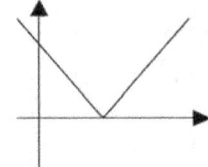

    a) $|x|-5$ b) $|x+5|$

    c) $|x-5|$ d) $|x|+5$

28. ¿Cuál diagrama no representa a una función?

   a) 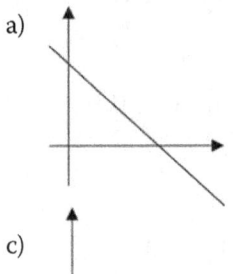   b)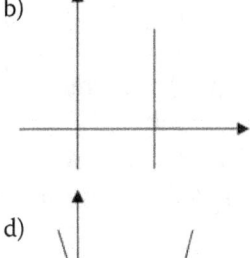

   c) 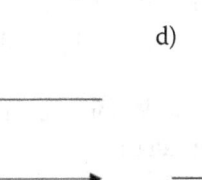   d)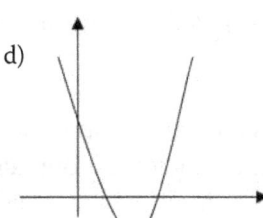

29. Dos rectas son perpendiculares si sus pendientes (m_1 y m_2) cumplen la siguiente condición:
    a) $m_1 \cdot m_2 = 1$ b) $m_1 + m_2 = 1$ c) $m_1 \cdot m_2 = -1$ d) $m_1 + m_2 = -1$

30. ¿Qué par de rectas son paralelas?

   a) $\begin{cases} 2x-y=1 \\ 2x+y=-1 \end{cases}$ b) $\begin{cases} y+8=x \\ y-5=-x \end{cases}$ c) $\begin{cases} y=5 \\ y=2 \end{cases}$ d) $\begin{cases} x+y=2 \\ x-y=1 \end{cases}$

MODELO 3

1. ¿Cuál de las siguientes leyes corresponde a una función par?
   a) $3 \cdot x^3$ b) x^4 c) $-x^5$ d) $9 \cdot x$

2. Si el polinomio P(x) es divisible por (x + a), entonces:
   a) P(a) = 0   b) P(−a) < 0   c) P(a) > 0   d) P(−a) = 0

3. La ley de una función creciente con conjunto imagen R^+ es:
   a) $-2 \cdot (1/2)^x$ b) -3^x c) $(2/3)^x$ d) $4 \cdot 5^x$

4. Si el grado del producto de dos polinomios P y Q es 9, los polinomios dados pueden tener sus grados iguales a:
   a) 9 y 1   b) 8 y −1   c) 0 y 9   d) 7 y −2

5. Si gr (P) = 4 y gr (Q) = 2, entonces $[gr(P)]^3 + [gr(Q)]^4$ es:
   a) 20   b) 18   c) 13   d) 12

6. El conjunto de positividad de la función $f(z) = z^4 + 2$ es:
   a) R b) $(-2, +\infty)$ c) $(2, +\infty)$ d) R^+

7. ¿Cuál de los siguientes valores puede corresponder a la base en la ley de una función exponencial?
   a) −1   b) 4   c) 1   d) 0

8. El conjunto de positividad de la función $f(x) = (-2) \cdot x^5$ es:
   a) R b) R^+ c) R^- d) $(1, \infty)$

10. La imagen de la función potencial x^n con n impar es:
    a) R^+ b) R^- c) $R - \{0\}$ d) R

12. Si los polinomios P, Q y T tienen grados 4, 2 y 3 respectivamente, entonces el grado de P : Q − T es:
    a) 1   b) 3   c) 5   d) −2

13. La gráfica de $f(x) = \frac{1}{x+3} + 4$ se obtiene por corrimiento de la gráfica de $g(x) = \frac{1}{x+2}$ en:

   a) 1 unidad a la izquierda y 4 hacia arriba
   b) 3 unidades a la izquierda y 4 hacia arriba
   c) 1 unidad a la derecha y 4 hacia abajo
   d) 3 unidades a la derecha y 4 hacia abajo

14. En una función polinómica, la ordenada al origen está determinada por el valor del:
   a) coeficiente principal   b) término independiente
   c) coeficiente lineal   d) coeficiente cuadrático

15. Si dos polinomios P y Q tienen grado n y sus coeficientes principales no son opuestos, entonces el grado de P + Q es:
   a) $2n$ b) mayor que n c) menor que n d) n

16. La gráfica corresponde a la función:

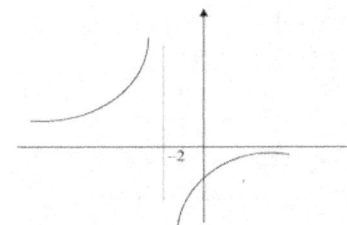

   a) $f(x) = \frac{1}{x-2}$ b) $f(x) = \frac{-1}{x-2}$

   c) $f(x) = \frac{1}{x} + 1$ d) $f(x) = \frac{-1}{x+2}$

17. La gráfica dada corresponde a una de las siguientes funciones. ¿Cuál es?

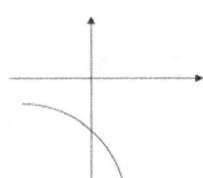

   a) $f(x) = 2 \cdot x - 2$ b) $f(x) = 2^x - 2$

   c) $f(x) = -2 \cdot 2^x$ d) $f(x) = -2 \cdot (1/2)^x$

19. Si $x = 3$ es la única raíz real de una función f polinómica de grado 3, entonces podemos afirmar que:
   a) $f(2) \cdot f(1) = 0$ b) $f(1) \cdot f(3) > 0$ c) $f(-1) \cdot f(0) < 0$ d) $f(2) \cdot f(4) < 0$

20. El Teorema de Bolzano no es aplicable a la función $f(x) = \frac{x-3}{x+1}$ en el intervalo:

    a) $(-3, 2)$ b) $(0, 1)$ c) $(2, 4)$ d) $(4, 6)$

21. La función $f(x) = \frac{k}{x}$ con $k < 0$ alcanza valores positivos en el conjunto:

    a) R b) $(0, +\infty)$ c) $(-\infty, 0)$ d) $(k, -k)$

22. El conjunto imagen de una función exponencial de la forma $k \cdot a^x$ con $k > 0$ y $a > 1$ es:

    a) $(0, +\infty)$ b) $(-\infty, 0)$ c) R d) $(0, k)$

24. Para la aplicación del Teorema de Cauchy es imprescindible que la función f sea:

    a) continua   b) constante   c) creciente   d) siempre positiva

25. Si $x = 1$ y $x = 4$ son raíces consecutivas de una función continua, entonces en el intervalo $(1, 4)$ la función:

    a) es nula   b) cambia de signo
    c) no cambia de signo   d) es decreciente

26. Si el conjunto C^+ de una función exponencial de la forma $k \cdot a^x$ es R entonces podemos asegurar que el valor de la constante k es:

    a) 0   b) positivo   c) negativo   d) ninguno de los anteriores

27. ¿Cuántas raíces tiene una función homográfica de la forma $f(x) = \frac{ax+b}{cx+d}$?

    a) dos   b) a lo sumo una   c) por lo menos una   d) exactamente una

30. El conjunto imagen de la función $f(x) = -2 \cdot (3/4)^x$ es igual al de la función de ley:

    a) $-5 \cdot 2^x$ b) $-3 \cdot x^2 - 1$ c) $-1/x^2$ d) $(1/2)^x$

Se advierte que la preparación de este tipo de evaluaciones demanda al docente más tiempo que las habituales, pero el mismo es compensado por la velocidad con que se corrigen.

Una característica destacada es la gran variedad y cantidad de cuestiones que pueden solicitarse en el lapso de tiempo de dos módulos de clase. Desde luego pueden plantearse menos preguntas, con menos opciones de respuestas en algunos casos, siempre es el profesor quien analiza y decide cuál es la forma más adecuada de plantear una evaluación.

Otro aspecto interesante es que en las opciones de respuesta incorrectas muchas veces se plantean posibles errores que suelen aparecer y que quedan así detectados en caso de ser elegidos por los alumnos, permitiendo al docente reforzar a posteriori esos conocimientos.

Reiteramos que los modelos presentados no alcanzan para evaluar todos los aspectos a ponderar de los aprendizajes alcanzados, esto es, deben complementarse con otros instrumentos de características diferentes. Solo han sido presentados como muestra de una estrategia posible de trabajo que tiene interesantes virtudes didácticas, desde el punto de vista de los aprendizajes que promueve y releva, esperando que puedan resultar de utilidad.

Estas propuestas y el profesor en Matemática

En este capítulo se han presentado algunas propuestas, con distinto grado de especificación, que intentan promover en el alumno la comprensión y construcción de conocimiento matemático a través del establecimiento de relaciones y de la utilización progresiva de lo elaborado en el abordaje de nuevas situaciones.

En las correspondientes a enseñanza se procura concretizar principios constructivistas tales como: el sujeto que aprende no es una hoja en blanco, los conocimientos nuevos se interpretan a partir de los previos articulándose con ellos en una red, el conocimiento es producto de un proceso de construcción fruto de la interacción sujeto-objeto de conocimiento y de la ayuda pedagógica que favorece los cambios conceptuales necesarios.

Concordando con la *visión antropológica* del conocimiento de Chevallard (1991) y *pragmática del significado* de un objeto matemático de Godino y Batanero (1994), se pretende que las propuestas didácticas presentadas contemplen el papel activo que deben tener los estudiantes y que también les permitan ir perfeccionando sus ideas en el transcurso de las actividades.

En particular se procura prestar atención a los dominios del *conocimiento matemático para la enseñanza* (Ball et al., 2008) al ir ejemplificando, con ciertos contenidos, posibilidades de representación matemática de los mismos, organizando la enseñanza en función de reducir las dificultades habituales de los estudiantes con el tema, proponiendo posibles formas de desplegar las actividades en el aula así como eventuales vinculaciones matemáticas posteriores.

También las *formas básicas de enseñar* (Aebli, 2002) están presentes a través de ejemplos, explicaciones, interrogatorios, demostraciones. En este sentido recobra importancia la escritura, como espacio de anticipación, objetivación y análisis de las prácticas.

En la propuesta referente a evaluación se pone énfasis en el relevamiento de aprendizajes de contenidos conceptuales, destacando su riqueza, y se muestran diversos modos de llevarlo a cabo a través de preguntas y/o consignas concretas relativas a diferentes temas de Matemática.

Consideramos que conocer y analizar situaciones de clase permea al profesor en Matemática contribuyendo, en gran medida, al desarrollo del conocimiento teórico-práctico necesario para llevar a cabo su tarea. A su vez, en la re-elaboración de las mismas el docente evidencia sus dominios de conocimiento puestos en acción, articulados en torno a qué y cómo se enseña y a qué y cómo se aprende.

Así como "la actividad matemática que potencialmente un problema permitiría desplegar no está contenida en el enunciado del problema sino que depende sustancialmente de las interacciones que a propósito del problema se pueden generar" (Sadovsky, 2005: 46) también el interjuego emergente en cada aula entre el contenido de estas propuestas, la actividad del docente y la de los alumnos adoptará diferentes formatos, en función de los actores involucrados.

Para que la puesta en práctica de estas propuestas resulte también acorde a los principios constructivistas que guiaron su elaboración, se requiere de un profesor que pueda tomar decisiones contextualizadas de acuerdo a los contenidos a enseñar y a los estudiantes con los que trabaja. Esto es, un profesor en Matemática como profesional que no solo aplica métodos, sino que tiene criterios claros en cuanto a la disciplina que enseña, los sujetos que aprenden y los modos viables y propicios para ir superando las dificultades. Un profesor que quiere y puede conjugar autonomía con socialización en las decisiones que sustentan el desarrollo de una práctica reflexiva, ya que realiza elecciones en todo momento (a priori, durante y a posteriori de la clase) y pertenece a un colectivo con sus mismos intereses del que puede nutrirse y al que puede aportar sus experiencias.

Consideramos que se necesitan profesores en Matemática con tales dominios consolidados, para resolver satisfactoriamente las situaciones de enseñanza de esta disciplina en la Escuela Media y que, consecuentemente, en la etapa de su formación se deben atender y fortalecer de manera relativamente equitativa cada uno de ellos.

Este tipo de formación profesional es el que propiciamos producir mediante procesos graduales y a la vez integrales, ya que no se logra solo desde lo disciplinar ni solo desde lo pedagógico ni solo desde la Didáctica de la Matemática. Se construye desde todos esos lugares y, a su vez, pensándose en cada uno de ellos que se está formando un tipo particular de profesional: profesores en Matemática para desempeñarse en el o los niveles educativos de incumbencia y en diversidad de contextos, en base a conocimientos, con criterio y responsabilidad.

Referencias bibliográficas

Aebli, H. (2002) *Doce formas básicas de enseñar. Una didáctica basada en la psicología.* Madrid, Narcea.

Ausubel, D. (1963) *The Psychology of Meaningful Verbal Learning.* Nueva York, Grune & Stratton.

Ausubel, D. (1968) *Educational Psychology: A Cognitive View.* Nueva York, Holt, Rinehart & Winston.

Bachellard, G. (1987) *La formación del espíritu científico.* Buenos Aires, Siglo XXI.

Ball, D. y Bass, H. (2003) Toward a practice-based theory of mathematical knowledge for teaching. *Proceedings of the Annual Meeting of the Canadian Mathematics Education Study Group, 26,* 3-14.

Ball, D., Hill, H. y Bass, H. (2005) Knowing Mathematics for Teaching: Who Knows Mathematics Well Enough To Teach Third Grade, and How Can We Decide? *American Educator, 29*(3), 14-46.

Ball, D., Thames, M. y Phelps, G. (2008) Content Knowledge for Teaching. What Makes It Special? *Journal of Teacher Education, 59*(5), 389-407.

Bombini, G. (2006) *Prácticas docentes y escritura: hipótesis y experiencias en torno a una relación productiva. El guión conjetural.* Buenos Aires, UBA-UNLP-UNSAM.

Bressan, A. (2005) Los principios de la Educación Matemática Realista. En H. Alagia, A. Bressan y P. Sadovsky. *Reflexiones teóricas para la Educación Matemática*. Buenos Aires, Libros del Zorzal.

Broitman, C. (2001) Aportes de la Didáctica de la Matemática para la Psicología Educacional. En N.E. Elichiry (Coord.). *¿Dónde y cómo se aprende?: temas de Psicología Educacional*. Buenos Aires, EUDEBA.

Brousseau, G. (2007) *Iniciación al estudio de la Teoría de las Situaciones Didácticas*. Buenos Aires, Libros del Zorzal.

Cantoral, R. y Farfán, M.R. (2003) "Matemática Educativa: una visión de su evolución". *Revista Latinoamericana de Matemática Educativa*, 6(1), 27-40.

Cantoral, R., Montiel, G. y Reyes, D. (2015) "El programa socioepistemológico de investigación en Matemática Educativa: el caso de Latinoamérica". *Revista Latinoamericana de Matemática Educativa*, 18(1), 5-17.

Chevallard, Y. (1991) Dimension instrumentale, dimension sémiotique de l'activité mathématique. *Séminaire de Didactique des Mathématiques et de l'Informatique de Grenoble*. LSD2, IMAG, Université J. Fourier, Grenoble.

Chevallard, Y. (2000) *La transposición didáctica. Del saber sabio al saber enseñado*. Buenos Aires, Aique.

D'Ambrosio, U. (2005) *Etnomatemática. Elo entre as tradições e a modernidade*. Belo Horizonte, Autêntica.

D'Amore, B. (2005) *Bases filosóficas, pedagógicas, epistemológicas y conceptuales de la Didáctica de la Matemática*. México, Reverté.

Dummett, M. (1991) "¿Qué es una teoría del significado?" En L.M. Valdés (ed.). *La búsqueda del significado*. Madrid, Tecnos.

Duval, R. (1999) *Semiosis y pensamiento humano. Registros semióticos y aprendizajes intelectuales*. Cali, Universidad del Valle.

Edelstein, G. (1996) "Un capítulo pendiente: el método en el debate didáctico contemporáneo". En A. Camilloni, M.C.

Davini, G. Edelstein, E. Litwin, M. Souto y S. Barco. *Corrientes didácticas contemporáneas.* Buenos Aires, Paidós.

Fenstermacher, G. (1990) "Tres aspectos de la filosofía de la investigación sobre la enseñanza". En M. Wittrock (Comp.). *La investigación de la enseñanza I. Enfoques, teorías y métodos.* Barcelona, Paidós.

Filloy, E. (2006) *Matemática Educativa, treinta años: una mirada fugaz, una mirada externa y comprensiva, una mirada actual.* México, Aula XXI/Santillana.

Font, V., Godino, J.D. y D'Amore, B. (2007) An onto-semiotic approach to representations in mathematics education. *For the Learning of Mathematics, 27*(2), 2-7.

Godino, J.D. y Batanero, C. (1994) Significado institucional y personal de los objetos matemáticos. *Recherches en Didactiques des Mathematiques, 14*(3), 325-355.

Godino, J.D., Batanero, C. y Font, V. (2008) *Un enfoque ontosemiótico del conocimiento y la instrucción matemática.* Granada, Departamento de Didáctica de la Matemática de la Universidad de Granada.

Godino, J.D., Bencomo, D., Font, V. y Wilhelmi. M.R. (2006) Análisis y valoración de la idoneidad didáctica de procesos de estudio de las matemáticas. *Paradigma, 27*(2), 221-252.

Godino, J.D., Bencomo, D., Font, V. y Wilhelmi, M.R. (2007) *Pauta de análisis y valoración de la idoneidad didáctica de procesos de enseñanza y aprendizaje de las matemáticas.* Granada, Departamento de Didáctica de la Matemática de la Universidad de Granada.

Godino, J.D., Contreras, A. y Font, V. (2006) Análisis de procesos de instrucción basado en el enfoque ontológico-semiótico de la cognición matemática. *Recherches en Didactiques des Mathematiques, 26*(1), 39-88.

Godino, J.D. y Font, V. (2007) *Algunos desarrollos de la teoría de los significados sistémicos.* Granada, Departamento de Didáctica de la Matemática de la Universidad de Granada.

Godino, J.D., Font, V., Contreras, A. y Wilhelmi, M.R. (2006) Una visión de la didáctica francesa desde el enfoque ontosemiótico de la cognición e instrucción matemática. *Revista Latinoamericana de Investigación en Matemática Educativa, 9*(1), 117-150.

GODINO, J.D., FONT, V., WILHELMI, M.R. y CASTRO, C. de (2009) Aproximación a la dimensión normativa en Didáctica de la Matemática desde un enfoque ontosemiótico. *Enseñanza de las Ciencias, 27*(1), 59–76.

HEUVEL-PANHUIZEN, M. van den (2009) El uso didáctico de modelos en la Educación Matemática Realista: ejemplo de una trayectoria longitudinal sobre porcentaje. Primera parte. *Correo del Maestro, 160,* 36-44. Traducido del inglés por Héctor Escalona. Publicado originalmente en el año 2003 en *Educational Studies in Mathematics, 54,* 9-35.

KILPATRICK, J., SWAFFORD, J. y FINDELL, B. (Eds.). (2001) *Adding it up: Helping children learn mathematics.* Washington DC, National Academy Press.

KUTSCHERA, F. von (1979) *Filosofía del lenguaje.* Madrid, Gredos.

MORA, D. (Ed.). (2005) *Didáctica crítica, Educación Crítica de la Matemáticas y Etnomatemática. Perspectivas para la transformación de la educación matemática en América Latina.* La Paz, Campo Iris.

MURRAY, F. (1996) *The teacher educator's handbook: Building a knowledge base for the preparation of teachers.* San Francisco, Jossey-Bass.

PEÑA, P., TAMAYO, C. y PARRA, A. (2015) Una visión latinoamericana de la Etnomatemática: tensiones y desafíos. *Revista Latinoamericana de Investigación en Matemática Educativa, 18*(2), 137-150.

PETRONE, E., CONTRERAS, N., MASCÓ, P. y SGRECCIA, N. (2010) No te quedes entre sombras: escapate por la tangente. *Memorias de la Reunión Pampeana de Educación Matemática, 3,* 463-474.

PHILIPP, R.A. (2007) Mathematics teachers' beliefs and affect. En F. Lester (Ed.). *Second Handbook of Research on Mathematics Teaching and Learning.* Charlote, National Council of Teachers of Mathematics.

Sadovsky, P. (2005) *Enseñar Matemática hoy*. Buenos Aires, Libros del Zorzal.

Sgreccia, N. y Massa, M. (2011) Sólidos platónicos: una secuencia didáctica para desarrollar habilidades de pensamiento matemático en la escuela secundaria. *Revista Novedades Educativas, 23*(249), 58-63.

Shulman, L. (1986) Those who understand: Knowledge growth in teaching. *Educational Researcher, 15*(2), 4-14.

Shulman, L. (1987) Knowledge and teaching: Foundations of the new reform. *Harvard Educational Review, 57*(1), 1-22.

Sierpinska, A. (1990) Some remarks on understanding in mathematics. *For the Learning of Mathematics, 10*(3), 24-36.

Skovsmose, O. (1999) *Hacia una filosofía de la Educación Matemática Crítica*. Traducido por Paola Valero. Bogotá, Una empresa docente.

Skovsmose, O. y Valero, P. (2008) Democratic Access to powerful mathematical ideas. En L.D. English (Ed.). *Handbook of International Research in Mathematics Education. Directions for the 21st century* (2ª ed.) (pp.415-438) Mahwah, Erlbaum.

Spiegel, A. (2006) *Planificando clases interesantes*. Buenos Aires, Novedades Educativas.

Treffers, A. (1987) *Three Dimensions. A Model of Goal and Theory Description in Mathematics Instruction - The Wiskobas Project*. Dordrecht, Reidel.

Vergnaud, G. (1990) La teoría de los campos conceptuales. *Recherches en Didáctique des Mathématiques, 10*(2-3), 133-170.

Vergnaud, G. (Coord.). (1997) *Aprendizajes y didácticas: ¿qué hay de nuevo?* Buenos Aires, Edicial.